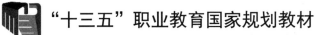

"十三五"职业教育国家规划教材

用微课学电子CAD
（第2版）

主　编◎白炽贵　代　莉　杨　毅

副主编◎李　敏　苟志强　秦思江　王光伟

参　编◎刘成凤　高　宇　赵　雷　张　永　罗亨涛

主　审◎王孝强　曹永林

电子工业出版社

Publishing House of Electronics Industry

北京·BEIJING

内 容 简 介

本书是职业院校电子类专业电子 CAD 课程的教学创新教材，以 51 单片机实验板 PCB 图工程设计为实操项目，内容以任务驱动展开，教学用微课形式实现。

学生通过 28 个实操任务完成"单片机实验板 PCB 图"，实操任务的目的是"学以致用"，即设计图要发给厂家按图加工成电路板（需付加工费），学生把厂家加工返回的电路板焊接组装成单片机课程所需的学习开发工具，从而让学生的电子 CAD 课程与单片机课程对接，实现"1＋1＞2"的教学效果。

本书配有 28 个实操视频，是完成单片机实验板 PCB 图设计的全程实录。每个实操视频的时长不到 10 分钟，格式为 MP4，能在手机上播放，从而能手把手地指导学生完成模块众多、功能强大的单片机实验板 PCB 图设计。

本书图文并茂、操作性强，适合作为职业院校电子类专业的教材，也是电子 CAD 课程的入门级读物。

图书在版编目（CIP）数据

用微课学电子 CAD / 白炽贵，代莉，杨毅主编. —2 版. —北京：电子工业出版社，2022.12

ISBN 978-7-121-44573-6

Ⅰ. ①用… Ⅱ. ①白… ②代… ③杨… Ⅲ. ①印刷电路－计算机辅助设计－应用软件－职业教育－教材
Ⅳ. ①TN410.2

中国版本图书馆 CIP 数据核字（2022）第 219352 号

责任编辑：张　凌　　　　　特约编辑：田学清
印　　刷：河北鑫兆源印刷有限公司
装　　订：河北鑫兆源印刷有限公司
出版发行：电子工业出版社
　　　　　北京市海淀区万寿路 173 信箱　　　　邮编：100036
开　　本：880×1230　　1/16　　印张：15.25　　字数：350 千字
版　　次：2018 年 6 月第 1 版
　　　　　2022 年 12 月第 2 版
印　　次：2025 年 1 月第 5 次印刷
定　　价：45.00 元

凡所购买电子工业出版社图书有缺损问题，请向购买书店调换。若书店售缺，请与本社发行部联系，联系及邮购电话：（010）88254888，88258888。

质量投诉请发邮件至 zlts@phei.com.cn，盗版侵权举报请发邮件至 dbqq@phei.com.cn。

本书咨询联系方式：（010）88254583，zling@phei.com.cn。

前　言

党的二十大报告中提出："统筹职业教育、高等教育、继续教育协同创新，推进职普融通、产教融合、科教融汇，优化职业教育类型定位。"这就为职业教育的创新发展指明了方向。因此，职业教育课程教学，必须与企业生产相融合。本书编写的理念就是，融合中小型企业产品开发生产的电子设计需求，为企业培训能直接顶岗操作的电子 CAD 设计员工。

本书是《用微课学电子 CAD》的第 2 版，与第 1 版比较，第 2 版的主要特点是降低了教学成本：一是降低了教学课时数，第 1 版需 48 课时，第 2 版只需 28 课时；二是降低了 PCB 的制板费，第 1 版是按 150mm×100mm 的尺寸计算制板费的［每款（10 片）市场价为 130 元左右］，第 2 版是按 100mm×100mm 的尺寸计算制板费的（每款市场价为 40 元左右）。

有所得，就有所失。为使制板费降低为每款 40 元左右，PCB 的尺寸就需限制在 100mm×100mm 内。因此，第 2 版不再使用第 1 版中的 MAX232 模块、发光二极管模块、通用存储器模块和继电器模块，而使用成本更低的成品继电器模块进行拼接）。

尽管第 2 版的教学课时数相较第 1 版而言已大大减少，但有关电子 CAD 技术点的实操介绍比第 1 版更加详实，如原理图设计的严重错误设置、PCB 元件的位号调整、PCB 图的鼠标信息关闭、DRC 检测项的比较探索、PCB 图元件报表输出等。

第 2 版的编写体例仍按任务驱动形式展开。全书共 28 个实操任务，按电子 CAD 设计的业务类别分成 5 个项目实施。项目一为 AD14 软件安装与 CAD 工程建档，用 1 个实操任务完成。项目二为设计原理图库，用 2 个实操任务完成。项目三为设计 PCB 元件库，用 2 个实操任务完成。项目四为基于模块单元的单片机学习板设计，用 12 个实操任务完成。项目五为基于层次原理图的单片机扩展设计，用 11 个实操任务完成。

全书的 28 个实操任务都各配有一个实操视频（屏幕操作实录），每个实操视频的时长均在 10 分钟以内。视频时长也就是完成这个任务的真实时间，当然这是熟手用的时间，学生所需的时间以其 3 倍计算比较合理。每课以 40 分钟计，1 个实操任务用 1 课时，全书共需 28 课时。另外要考虑几节机动课时。

本书图文并茂、操作性强，非常便于教和学。教师的教不再是照本宣科，而是对学生的电子 CAD 绘图操作进行实时指导、检查及把关。学生的学是两人一组合作实操，学生甲用一台计算机按任务编号依次进行电子 CAD 绘图设计，学生乙用另一台计算机播放该任务的实操视频，学生甲依学生乙播放的实操视频的指导同步操作，学生乙对照两个屏幕检查学生甲的电子 CAD 绘图是否正确，两个学生的角色定时轮换。

本书的宗旨是让学生的电子 CAD 设计作品"学以致用"。学生按本书和实操视频指导完成的单片机实验板，能运行《用微课学 51 单片机》（电子工业出版社 2019 年出版）一书中 35 个程序中的 32 个，只有 1 个 MAX232 模块程序和两个通用存储器模块程序不能运行。学生通过对本书的学习可实现职业院校电子 CAD 与单片机两门课程的对接，从而产生"1＋1＞2"的教学效果。

本书配有电子教学参考资料包，包括教学指南、教学 PPT，以及供读者对比检查的 AD14 设计工程的全部文档。有此需求的教师，可从华信教育资源网免费下载使用。

编　者

用微课学

目　录

项目一

AD14 软件安装与 CAD 工程建档

Altium Designer 软件称得上是目前较顶级的一款电子 CAD 软件。它功能强大，易学好用，能让初学者很快入门并应用其完成商业级电路板设计。本书以 Altium Designer 14（版本号 14.2.5）软件为实操平台，引导读者从零起步，对接企业电子 CAD 岗位所需技术，以单片机实验板的 PCB（印制电路板）图设计为任务，进行产品级 PCB 开发设计制作。

为陈述简约，本书在具体设计操作中，经常把 Altium Designer 14 简称为 AD14。

任务 1　安装 AD14 软件和 CAD 工程建档

1.1　安装 AD14 软件

用微课学·任务 1

Altium Designer 14.2.5 软件的安装非常容易。可先从光盘中把软件复制到硬盘上，再从硬盘上安装。安装前应对计算机系统做两点设置：第一是将桌面上的"任务栏"设置为自动隐藏，如图 1-1 所示；第二是将显示器的分辨率设置为 1152×864，如图 1-2 所示。

图 1-1　将桌面上的"任务栏"　　　　图 1-2　将显示器的分辨率设置为 1152×864
　　　　　设置为自动隐藏

下面一步一步地完成 Altium Designer 14.2.5 软件的安装。为行文方便，对于鼠标操作，本书特做如下约定：

（1）鼠标单击——将鼠标光标移到对象上，按下鼠标左键后立即放开。

（2）鼠标双击——将鼠标光标移到对象上，迅速按放两次鼠标左键。

（3）鼠标右击——将鼠标光标移到对象上，按下鼠标右键后立即放开。

（4）鼠标拖动——先将鼠标光标移到对象上，然后按住鼠标左键不放开移动鼠标。

（5）鼠标指向——将鼠标光标移到对象上。

另外，本书也经常把"鼠标单击"简称为"单击"，把"鼠标双击"简称为"双击"，把"鼠标右击"简称为"右击"，请读者根据上下文进行理解。

假设 Altium Designer 14.2.5 软件的安装执行文件是被复制到了 E 盘中，运行 Altium Designer 14.2.5 软件的安装执行文件如图 1-3 所示。

图 1-3　运行 Altium Designer 14.2.5 软件的安装执行文件

在图 1-3 所示的界面中双击安装执行文件"AltiumDesigner14Setup"，Altium Designer 14.2.5 软件的安装程序启动，进入安装过程的第一个界面。Altium Designer 14.2.5 软件的欢迎安装界面如图 1-4 所示。

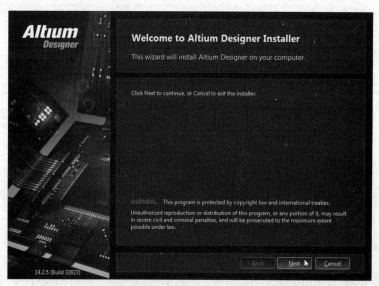

图 1-4　Altium Designer 14.2.5 软件的欢迎安装界面

在图 1-4 所示的界面中单击"Next"按钮，安装进入下一步，选择语言和接受许可如图 1-5 所示。

在图 1-5 所示的界面中，先选择工作语言为"Chinese"，接受许可，然后单击"Next"按钮，安装进入下一步。接下来，单击新出现的每一个"Next"按钮，直到出现"Finish"按钮，可先取消运行勾选再单击"Finish"按钮，以确认安装完成。Altium Designer 14.2.5 软件安装完成后，为方便绘图实操，应设置系统的菜单语言显示为中文。有关 Altium Designer 14.2.5 软件的相关设置方法，可参照本项目的配书视频进行实操，此处略。

图 1-5　选择语言和接受许可

1.2　CAD 工程建档

在 Windows 任务栏上双击"DXP"图标以启动 AD14 软件。从任务栏图标启动 AD14 软件的操作如图 1-6 所示。

图 1-6　从任务栏图标启动 AD14 软件的操作

AD14 软件启动运行后，系统进入其初始界面，先右击"Home"选项卡，再单击"Close Home"选项。AD14 软件启动后的初始界面如图 1-7 所示。

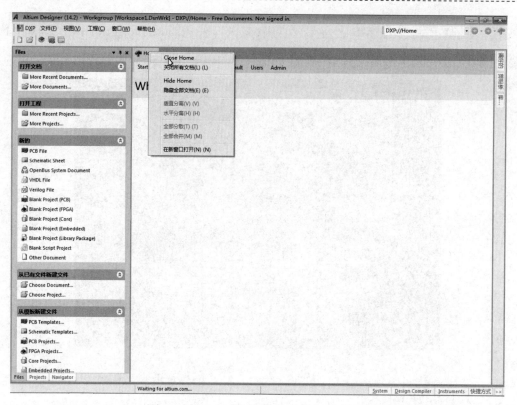

图 1-7 AD14 软件启动后的初始界面

1.2.1 为电路板设计建立工程文件

如图 1-7 所示的 AD14 软件设计环境的主窗口，窗口的第一行是标题栏，标题栏下面是菜单栏，菜单栏下面是工具栏，工具栏下面是工作区，工作区左边是工作面板。借助工作面板，可快速切换各种操作。工作面板有多样化的运用机制，初始界面的工作面板下方有三个标签，图 1-7 所示的为"Files"标签有效。在图 1-7 所示的界面上，选择"文件"→"New"→"Project"→"PCB 工程"菜单命令，操作图示如图 1-8 所示。

图 1-8 操作图示

【说明】本书在 AD14 软件运行环境下的菜单与按键操作陈述中，对各菜单名中的括号部分及下画线等进行了省略，读者可按图示进行操作。

图 1-8 所示的菜单命令执行后，工作面板中的"Projects"选区中出现默认的工程名文件。单击"文件"选项卡和"保存工程为"选项，其操作图示如图 1-9 所示。

上述命令执行后，系统弹出保存对话框，先选中本地磁盘 E 盘，再单击"新建文件夹"按钮。保存新建工程文件如图 1-10 所示。

图 1-9 单击"文件"选项卡和"保存工程为"
选项的操作图示

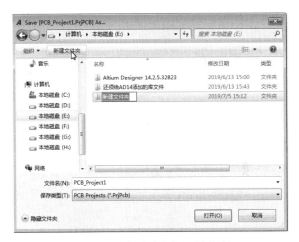

图 1-10 保存新建工程文件

在图 1-10 所示的对话框中，将新建的文件夹取名为"张伟王宏的电子 CAD 设计"，如图 1-11 所示。

文件夹名称输入后，单击对话框中的"打开"按钮，确定保存位置，将工程文件名取为"王宏张伟的 51 单片机设计"。工程文件"王宏张伟的 51 单片机设计"的保存如图 1-12 所示。

图 1-11 为新建的文件夹取名

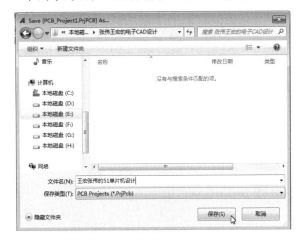

图 1-12 工程文件"王宏张伟的 51 单片机设计"的保存

在图 1-12 所示的界面中，单击"保存"按钮，工程文件就保存在了所建文件夹中。在 AD14 软件中，系统是以"工程"的形式来管理一个完整项目的所有设计工序的。一般地，完成一块 PCB

的设计需完成多个设计文件，这些设计文件都在工程文件的逻辑管理之下。

1.2.2 为电路板设计建立原理图设计文件

选择"文件"→"New"→"原理图"菜单命令，在工程中建立原理图设计文件，如图 1-13 所示。

图 1-13 所示的菜单命令执行后，工作区就切换为原理图设计界面，工作面板中也加蓝（加蓝表示被操作对象）显示该原理图默认文件名，关闭原理图界面上的可移浮窗，选择"文件"→"保存"菜单命令，保存原理图文件，如图 1-14 所示。

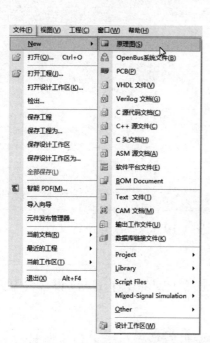

图 1-13　在工程中建立原理图设计文件

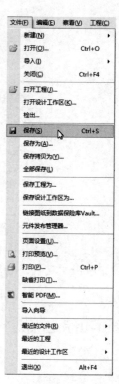

图 1-14　保存原理图文件

图 1-14 所示的文件保存菜单命令执行后，系统弹出保存对话框，将系统默认的文件名改为"张伟王宏的单片机原理图"，单击"保存"按钮，原理图设计文件的重命名及保存如图 1-15 所示。

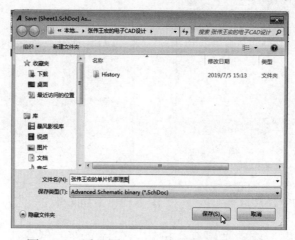

图 1-15　原理图设计文件的重命名及保存

1.2.3 为电路板设计建立 PCB 图设计文件

依次选择"文件"→"新建"→"PCB"菜单命令，在工程中建立 PCB 图设计文件，如图 1-16 所示。

建立 PCB 图设计文件的菜单命令执行后，工作区切换为 PCB 图设计界面，工作面板中也加蓝显示该 PCB 图默认文件名。单击"文件"选项卡和"保存"选项，在工程中保存新建的 PCB 图设计文件，如图 1-17 所示。

图 1-16　在工程中建立 PCB 图设计文件　　　　图 1-17　在工程中保存新建的 PCB 图设计文件

保存当前文件的菜单命令执行后，系统弹出保存对话框，将系统默认的文件名改为"王宏张伟的单片机 PCB 图"，单击"保存"按钮，PCB 图设计文件的重命名及保存如图 1-18 所示。

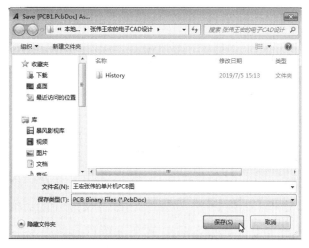

图 1-18　PCB 图设计文件的重命名及保存

1.2.4 为电路板设计建立原理图库设计文件

依次选择"文件"→"新建"→"库"→"原理图库"菜单命令，在工程中建立原理图库设计文件，其操作图示如图 1-19 所示。

建立原理图库设计文件的菜单命令执行后，工作区切换为原理图元件设计界面，工作面板中也加蓝显示该原理图元件库默认文件名。与前面的操作类似，单击"文件"选项卡和"保存"选项，并在弹出的保存对话框中，将默认的文件名改为"张伟王宏的原理图库"，单击"保存"按钮，在工程中保存新建的原理图库设计文件，如图 1-20 所示。

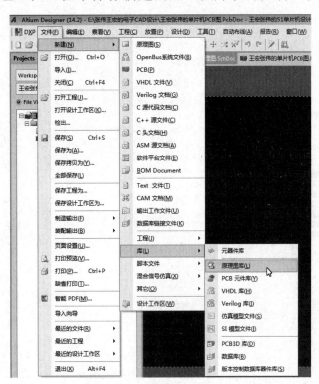

图 1-19　在工程中建立原理图库设计文件的操作图示　　图 1-20　在工程中保存新建的原理图库设计文件

1.2.5 为电路板设计建立 PCB 元件库设计文件

依次选择"文件"→"新建"→"库"→"PCB 元件库"菜单命令，在工程中建立 PCB 元件库设计文件，如图 1-21 所示。

图 1-21 所示的菜单命令执行后，工作区切换为 PCB 元件库设计界面，工作面板中也加蓝显示该 PCB 元件库默认文件名。与前面的操作类似，单击"文件"选项卡和"保存"选项，并在弹出的保存对话框中，将默认的文件名改为"王宏张伟的 PCB 元件库"，单击"保存"按钮，新建的 PCB 元件库设计文件的重命名及保存如图 1-22 所示。

到此，进行一块 PCB 设计所需准备的五个工程文件全部新建完毕，在绘图区上方依次排列着四个文件选项，单击某个选项，工作区就切换为相应的设计界面。单击"张伟王宏的原理图库"选项，工作区就切换为原理图库设计界面。单击某个选项以切换工作区显示界面的操作如图 1-23 所示。

图 1-21 在工程中建立 PCB 元件库设计文件

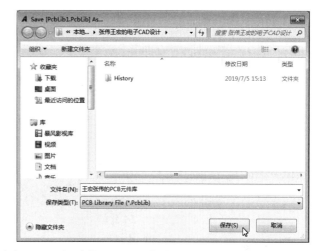

图 1-22 新建的 PCB 元件库设计文件的重命名及保存

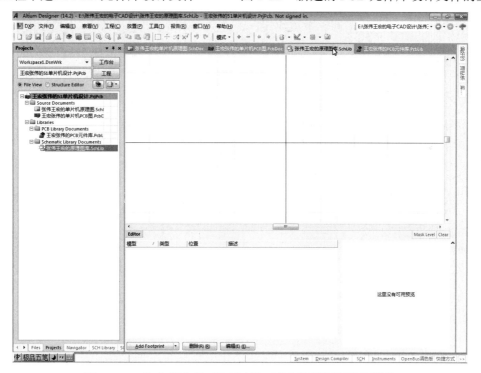

图 1-23 单击某个选项以切换工作区显示界面的操作

1.2.6 左右两边面板的使用操作

在图 1-23 所示的界面中单击"张伟王宏的单片机原理图"选项，工作区切换为原理图设计界面，将鼠标指在右边的"库"标签上，自动隐藏的"库"面板就向左弹出显示，"库"面板的弹出显示如图 1-24 所示。

在图 1-24 中，左右两边面板的右上角，都有三个图标：▬、▐、▨。第一个图标▬为工作面板的选项按钮，展开时列出面板的面板名以供选择；第二个图标▐为工作面板的自动隐藏按钮，这个标记竖立（此状█为竖立）时工作面板固定显示，水平时工作面板自动隐藏显示，即平时自动收起而只在主窗口面板栏上显示标签，当鼠标指在标签上时工作面板才向中间展开，展开一定时间后自动收回；第三个图标█为工作面板的关闭按钮，单击时工作面板关闭。单击右边面板右上角的自动隐藏按钮，右边面板切换为固定显示，单击左边面板上的自动隐藏按钮，左边面板切换为自动隐藏显示。左边面板为自动隐藏，右边面板为固定显示，如图1-25所示。

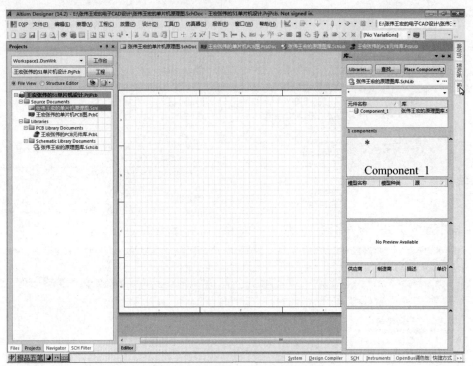

图1-24　"库"面板的弹出显示

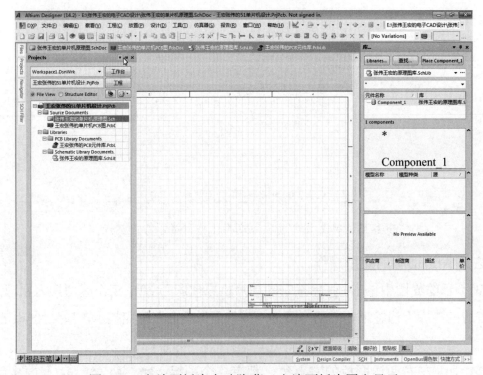

图1-25　左边面板为自动隐藏，右边面板为固定显示

将鼠标向右晃动，左边面板就向左收起而自动隐藏。左边面板的自动隐藏如图 1-26 所示。

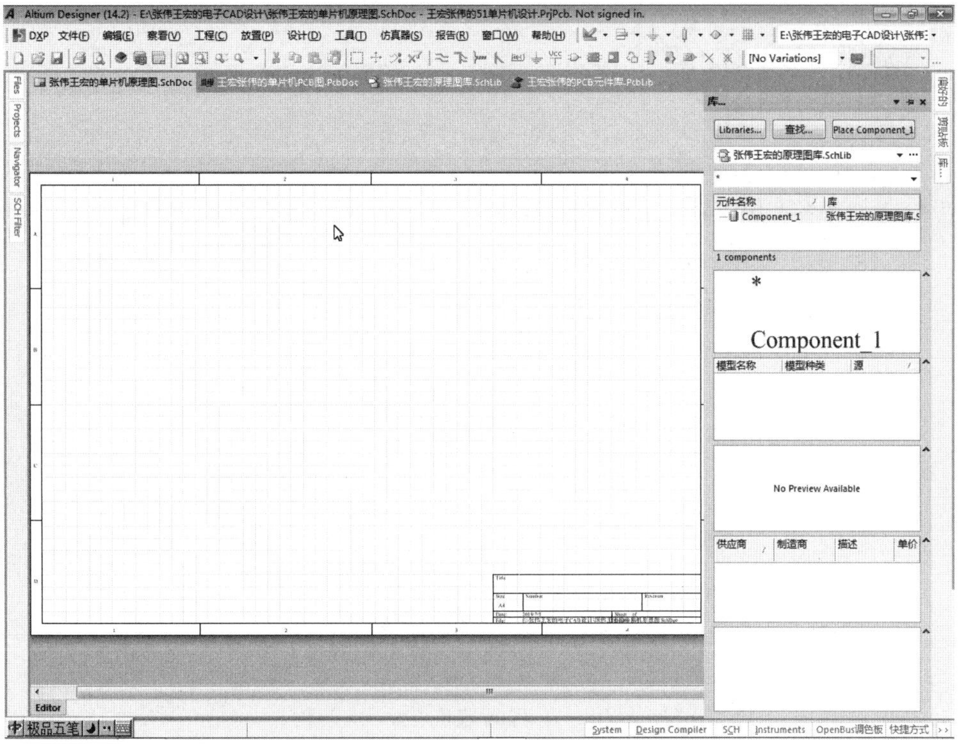

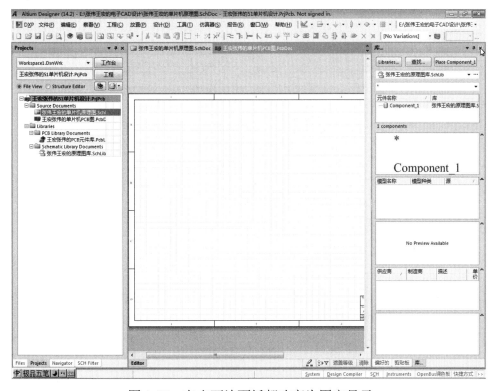

图 1-26 左边面板的自动隐藏

可以通过单击自动隐藏按钮将两边面板都设置成固定显示，图 1-27 所示为左右两边面板都改变为固定显示。

图 1-27 左右两边面板都改变为固定显示

若单击面板上的◢图标，则该面板被关闭而不再显示。左右两边面板都被关闭如图1-28所示。

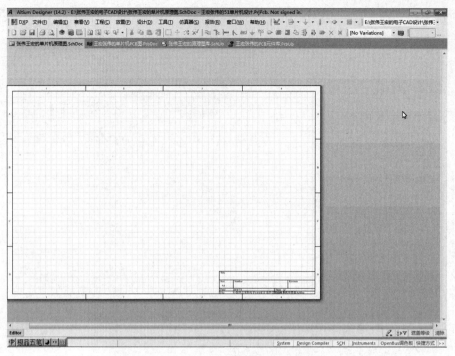

图1-28　左右两边面板都被关闭

恢复面板显示的方法：选择"察看"→"桌面布局"→"Default"菜单命令，恢复面板显示的菜单操作如图1-29所示。

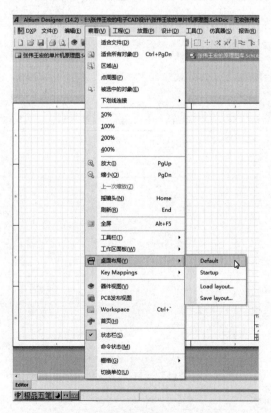

图1-29　恢复面板显示的菜单操作

用桌面布局的默认格式恢复的面板显示如图1-30所示，右边面板为自动隐藏显示，左边面板为文件面板显示。应关闭两个本书中不使用的显示浮窗：本书中不使用文件面板，故单击左边面板底部的"Projects"标签，使面板显示切换为工程面板。切换为工程面板的左边面板显示如图 1-31 所示。

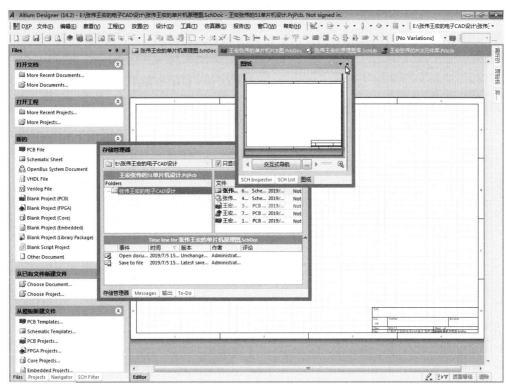

图 1-30　用桌面布局的默认格式恢复的面板显示

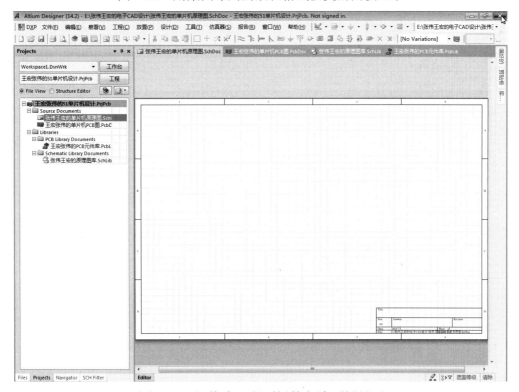

图 1-31　切换为工程面板的左边面板显示

单击 AD14 软件主窗口右上角的关闭按钮，系统弹出保存对话框，退出工程设计的保存操作如图 1-32 所示。

图 1-32　退出工程设计的保存操作

单击图 1-32 所示界面中的"Yes"按钮，保存工程设计作业。

1.2.7　进入工程设计环境的两种方式

1．双击工程文件进入工程设计环境

打开本地磁盘 E 盘中的"张伟王宏的电子 CAD 设计"文件夹，如图 1-33 所示。

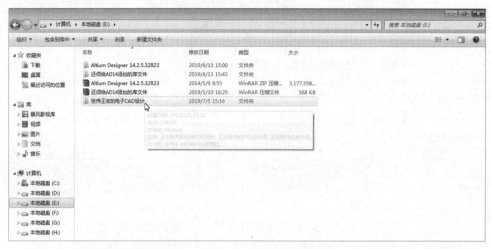

图 1-33　打开本地磁盘 E 盘中的"张伟王宏的电子 CAD 设计"文件夹

打开"张伟王宏的电子 CAD 设计"文件夹后，可以看到在工程设计中建立的五个文件，其中，类型中带有"Project"字符的就是工程文件。图 1-34 所示为双击工程文件进入工程设计环境。

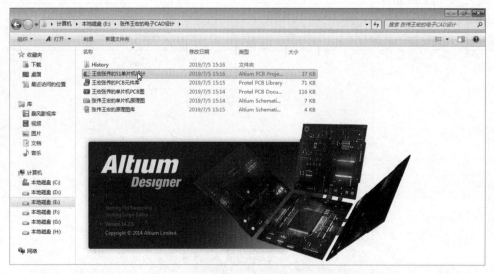

图 1-34　双击工程文件进入工程设计环境

从工程文件进入的 AD14 软件的初始界面如图 1-35 所示，可见，在工作区上方只有一个本书中并不使用的"Home"选项卡，使用右键菜单将其关闭。

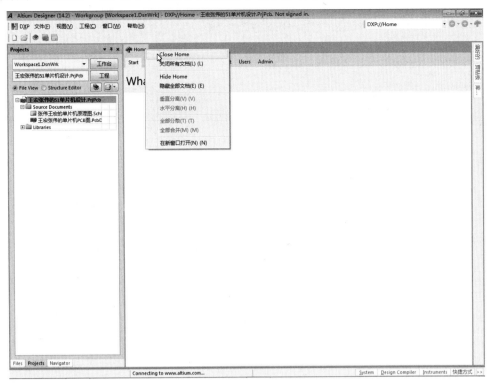

图 1-35 从工程文件进入的 AD14 软件的初始界面

在工程面板中将两个库文件展开，展开后一片空白的工作区如图 1-36 所示。

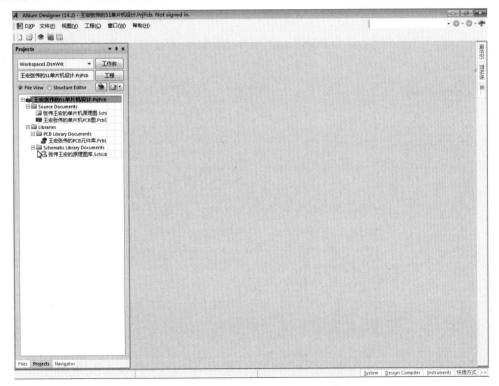

图 1-36 展开后一片空白的工作区

在工程面板中，双击某一文件名，相应文件就在工作区中打开。例如，双击"张伟王宏的单片机原理图"文件名后，工作区的原理图设计界面如图 1-37 所示。

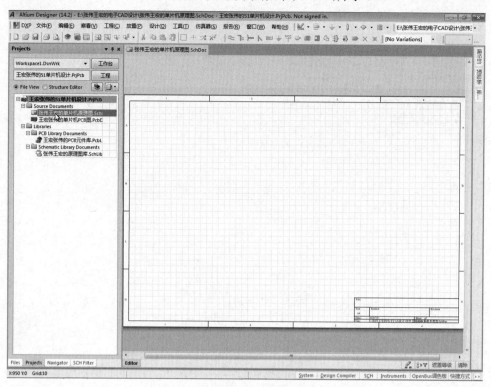

图 1-37 工作区的原理图设计界面

图 1-38 所示为打开了四个文件后工作区中的原理图库文件设计界面显示。

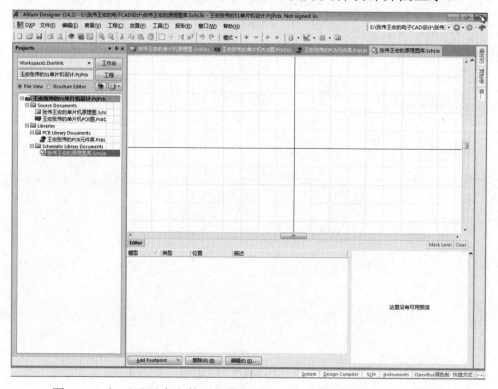

图 1-38 打开了四个文件后工作区中的原理图库文件设计界面显示

2. 单击任务栏上的 DXP 图标进入上次工程设计环境

图 1-39 所示为单击任务栏上的 DXP 图标进入上次工程设计环境。

图 1-39　单击仟务栏上的 DXP 图标进入上次工程设计环境

启动完成后，AD14 软件显示的是图 1-32 退出时的操作界面。如图 1-40 所示，启动后显示上次退出 AD14 软件时的操作界面。

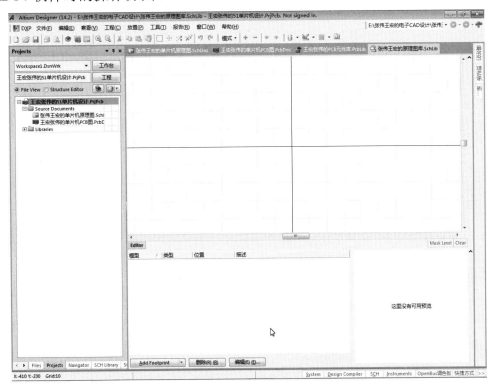

图 1-40　启动后显示上次退出 AD14 软件时的操作界面

由此可知，双击工程文件启动 AD14 软件进入工程设计环境是最基本的方法。但当计算机上用 AD14 软件进行的所有作业都是同一工程的有关设计时，单击任务栏上的 DXP 图标启动 AD14 软件进入工程设计环境更快捷。

🔍 小结 1

本章以 Altium Designer 14.2.5 软件安装、AD14 软件主界面的浏览、工程文件及设计文件的建立为主线进行实操，引导读者很快进入 AD14 软件开发平台。本章的重点内容如下所述。

（1）Altium Designer 14.2.5 软件的安装方法。

（2）AD14 软件主窗口的界面组成。

（3）工程（亦称项目）文件、原理图设计文件、PCB 图设计文件、原理图库设计文件、PCB 元件库设计文件的创建和保存方法。

（4）工程（亦称项目）文件、原理图设计文件、PCB 图设计文件、原理图库设计文件、PCB 元件库设计文件的扩展名和图标。

（5）工作面板的打开、关闭操作。

（6）状态栏的打开、关闭操作。

（7）工作面板标签和文件选项卡的切换操作。

（8）从工程文件启动 AD14 软件，并从工程面板中打开四个设计文件到工作区的方法。

（9）从任务栏的 DXP 图标启动 AD14 软件的方法。

🔍 习题 1

一、填空题

（1）图 1-41 所示为五种文件的图标，其中图 1-41（a）是＿＿＿＿＿＿＿＿文件的图标，图 1-41（b）是＿＿＿＿＿＿＿＿文件的图标，图 1-41（c）是＿＿＿＿＿＿＿＿＿＿文件的图标，图 1-41（d）是＿＿＿＿＿＿＿＿＿＿文件的图标，图 1-41（e）是＿＿＿＿＿＿＿＿＿＿文件的图标。

(a)　(b)　(c)　(d)　(e)

图 1-41　五种文件的图标

（2）.PRJPCB 是＿＿＿＿＿＿＿＿文件的扩展名，.SchDoc 是＿＿＿＿＿＿＿＿文件的扩展名，.Schlib 是＿＿＿＿＿＿＿＿文件的扩展名，.PcbDoc 是＿＿＿＿＿＿＿＿文件的扩展名，.Pcblib 是＿＿＿＿＿＿＿＿文件的扩展名。

二、问答题

（1）为什么要先创建工程文件，然后才创建设计文件呢？

（2）双击工程文件名启动 AD14 软件与单击任务栏上的 DXP 图标启动 AD14 软件有何异同？

三、上机作业

（1）从开始菜单启动 AD14 软件；

（2）先单击原理图设计文件选项卡，观察原理图设计界面上菜单栏的组成，再依次单击各菜单项，观察各菜单项的下拉菜单；

（3）先单击 PCB 图设计文件选项卡，观察 PCB 图设计界面上菜单栏的组成，再依次单击各菜单项，观察各菜单项的下拉菜单；

（4）先单击 PCB 元件库设计文件选项卡，观察 PCB 元件库设计界面上菜单栏的组成，再依次单击各菜单项，观察各菜单项的下拉菜单；

（5）先单击原理图库设计文件选项卡，观察原理图库设计界面上菜单栏的组成，再依次单击各菜单项，观察各菜单项的下拉菜单；

（6）退出 AD14 软件设计环境。

设计原理图库

在 AD14 软件中，用来绘制电路原理图的原理图库元件，大多数可取材于系统内含的元件库。因此，一般都不大需要自己设计原理图库元件。但为了全面掌握 PCB 的设计开发，也为了让项目四中设计的单片机原理图能更好地展示相应 PCB 图中元件的布局和线路走向，要特意使用与元器件引脚排列一致的元件逻辑图符号。因此，有几个重要的元件需要我们自己来设计其原理图库元件。另外，还有个别元件是元件库本身没有提供的，这些元件也只能由我们自己动手设计。

任务 2　绘制 STC89C52 等库元件

用微课学·任务 2

2.1　绘制原理图库元件 STC89C52

2.1.1　STC89C52 芯片的相关资料

STC89C52 是我们要制作的单片机学习板上的核心器件，也是 51 单片机芯片中价廉物美的国产型号。图 2-1 所示为 STC89C52 相关资料，其中图 2-1（a）所示为它的实物照片，图 2-1（b）所示为该生产厂家提供的芯片引脚功能图，图 2-1（c）所示为 AD14 软件中可以用来表示 STC89C52 的库元件符号，图 2-1（d）所示为设计原理图库元件 STC89C52 的参照。下面就以图 2-1（d）为设计样本，进行第一个库元件设计。

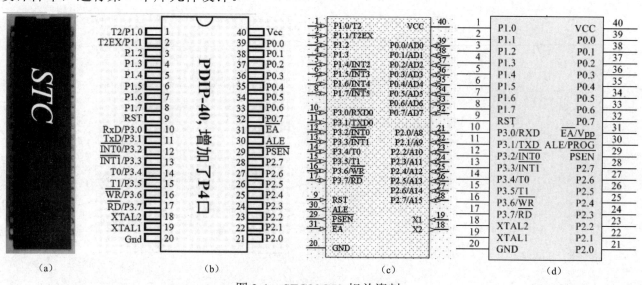

图 2-1　STC89C52 相关资料

2.1.2 绘制 STC89C52 库元件

2.1.2.1 用"SCH Library"面板添加 STC89C52 库元件

单击任务栏上的 DXP 图标启动 AD14 软件，系统显示上次关闭前的界面，用鼠标将"Editor"区域向下压缩到最小，单击左边面板下部的"SCH Library"标签。用 DXP 图标启动的 AD14 软件主界面如图 2-2 所示。

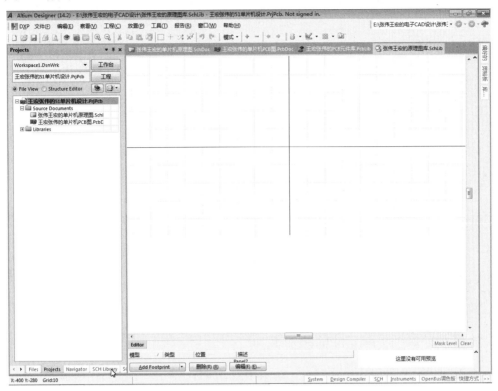

图 2-2 用 DXP 图标启动的 AD14 软件主界面

单击后，左边面板切换为"SCH Library"面板，单击左边面板上的"添加"按钮，系统弹出"New Component Name"对话框，如图 2-3 所示。

在新元件命名文本框中，输入"STC89C52"为元件名，并单击"确定"按钮。为新元件命名如图 2-4 所示。

图 2-3 系统弹出"New Component Name"对话框   图 2-4 为新元件命名

【说明】在 AD14 软件的四种设计界面中，均可按"Page Up"（或"Page Down"）键将绘图区显示内容放大（或缩小）。此外，按住"Ctrl"键的同时前后移动鼠标（见图 2-5），绘图区显示内容可被放大（或缩小）。左边面板下方状态栏上显示鼠标的坐标，将键盘输入锁定为大写字母状态后，按"Q"键，长度单位就在 mil 与 mm 间切换；按"G"键，光标移动的最小步长就在 1、5、10 间切换。本书为了使用时数值表示方便，各种绘图都用 mil 作为长度单位。

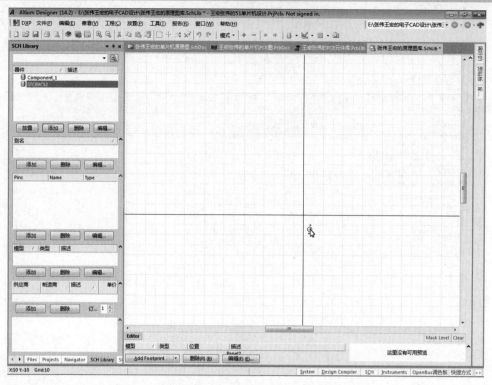

图 2-5　按住"Ctrl"键的同时前后移动鼠标

2.1.2.2　放置 STC89C52 库元件的矩形框

在图 2-5 所示的界面中单击"放置"选项卡，选择"矩形"选项。图 2-6 所示为放置构成原理图库元件所需矩形框的菜单操作。

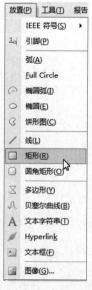

图 2-6　放置构成原理图库元件所需矩形框的菜单操作

上述菜单命令执行后，就会出现一个矩形附在鼠标上且跟随鼠标一起移动。根据状态栏上的坐标示数，将矩形框左下角移至坐标为（X：-50，Y：-100）的格点上并单击。将构成库元件所需矩形框的左下角顶点定位于所给坐标上的操作如图 2-7 所示。

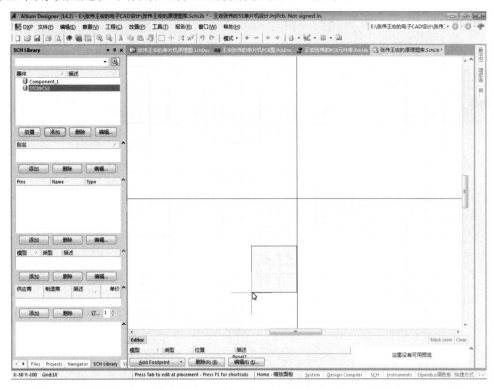

图 2-7　将构成库元件所需矩形框的左下角顶点定位于所给坐标上的操作

向右上方拖动鼠标，当把矩形框的右上角顶点移至坐标为（X：50，Y：110）的格点上时，单击实施定位。图 2-8 所示为把库元件矩形框的右上角顶点定位于所给坐标上的操作。

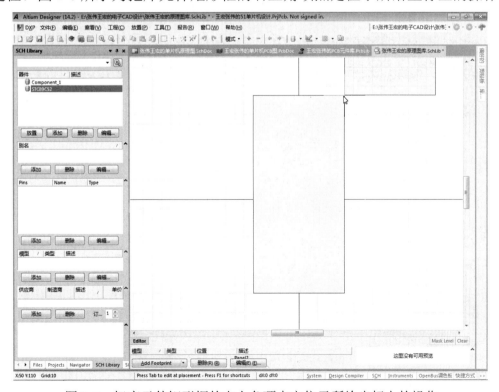

图 2-8　把库元件矩形框的右上角顶点定位于所给坐标上的操作

放置一个矩形框的操作完成后，系统仍处于继续放置矩形框的操作状态。由于该库元件只需一个矩形框，因此右击能退出该操作状态。

2.1.2.3 放置 STC89C52 库元件的引脚

STC89C52 库元件所需的矩形框放置完成后，接下来放置该库元件所需的电极，即引脚。放置库元件的引脚包含放置引脚符号及设置引脚属性两个步骤。

在原理图库设计窗口中，单击"放置"选项卡，选择"引脚"选项，如图 2-9 所示。

图 2-9 选择"引脚"选项

单击后，鼠标箭头就附上一个引脚符号，给原理图库元件放置引脚的初始操作状态如图 2-10 所示。引脚序号需要重新设定。

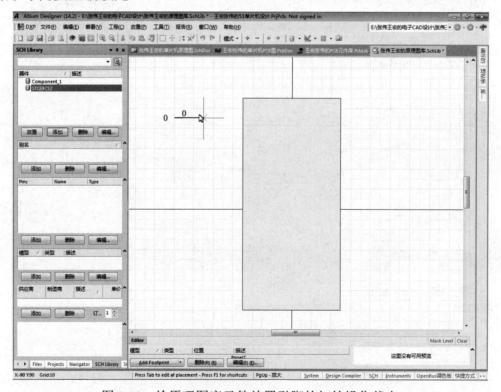

图 2-10 给原理图库元件放置引脚的初始操作状态

在图 2-10 所示的操作状态下按键盘上的 "Tab" 键，系统就弹出图 2-11 所示的 "管脚属性" 对话框。

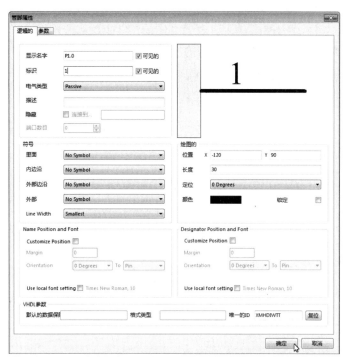

图 2-11　"管脚属性" 对话框

在图 2-11 所示的 "管脚属性" 对话框中，"显示名字" 用来标注引脚的功能，"标识" 用来标定引脚的顺序号，即在该库元件中各引脚排列的具体位序。因此，标识实际上就是引脚号，且必须与实物一致。其他属性取默认值。单击 "确定" 按钮后按两次空格键，使引脚的热端朝外。放置原理图库元件引脚的位置间隔如图 2-12 所示，连续 8 次单击，就放置了 8 只引脚。

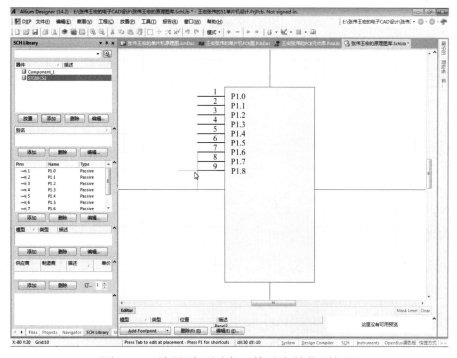

图 2-12　放置原理图库元件引脚的位置间隔

【说明】在放置引脚（单击）前，一定要把引脚的热端（"×"字光标端）放在外侧（见图 2-12），若方向不符合，可按空格键进行旋转，每次旋转 90°。在满足引脚放置方向和放置位置的状态下单击，该引脚就被正确放置。放置完成 1 只引脚后，"标识"号自动增 1，若"显示名字"的组成字符串末位为数字，其数字也自动增 1，并继续处于引脚放置操作状态。

连续在相应间隔位置上放置共 8 只引脚后按"Tab"键，系统弹出"管脚属性"对话框，在该对话框中，需要按照图 2-1（d）所示的参照修改 9 引脚的"显示名字"为"RST"，如图 2-13 所示。

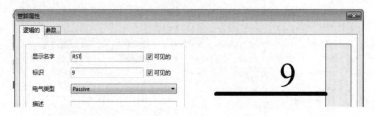

图 2-13　修改 9 引脚的"显示名字"为"RST"

9 引脚的"显示名字"修改完成并单击"确定"按钮后，将其按相同间隔单击放置。9 引脚的放置如图 2-14 所示。

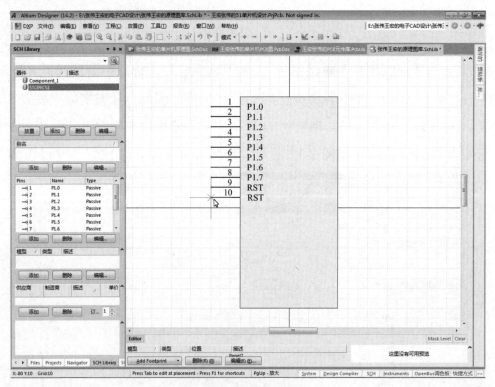

图 2-14　9 引脚的放置

此后，单击放置每只引脚前，都要先按"Tab"键，以进入"管脚属性"对话框修改其"显示名字"。图 2-15 所示为修改 10 引脚的"显示名字"。

按相同间隔放置 10 引脚后，按"Tab"键以进入"管脚属性"对话框并修改 11 引脚的"显示名字"为"P3.1/TXD"，修改完成后按相同间隔放置 11 引脚。

图 2-15　修改 10 引脚的"显示名字"

图 2-16 所示为放置了 11 只引脚后的原理图库元件。

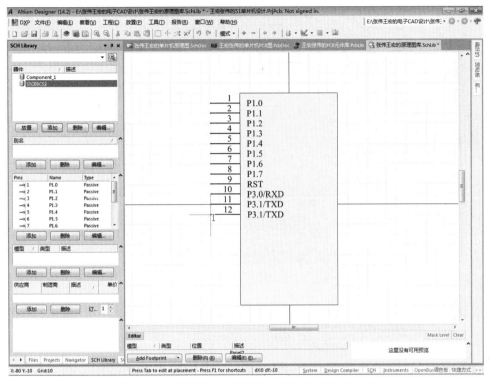

图 2-16　放置了 11 只引脚后的原理图库元件

由图 2-1（d）可知，12、13 引脚的显示名字中有些字符带有上画线，这需要用特殊标记来实现，方法是在需要有上画线的每个字符后加"\"（反斜杠）符号。例如，双功能 12 引脚，其 INT0 引入是低电平有效，因此"INT0"字符上需带有上画线，其"显示名字"输入为"I\N\T\0\"。对带有上画线的字符输入时需加"\"符号的处理如图 2-17 所示。

图 2-17　对带有上画线的字符输入时需加"\"符号的处理

放置了 12 引脚后的原理图库元件如图 2-18 所示。

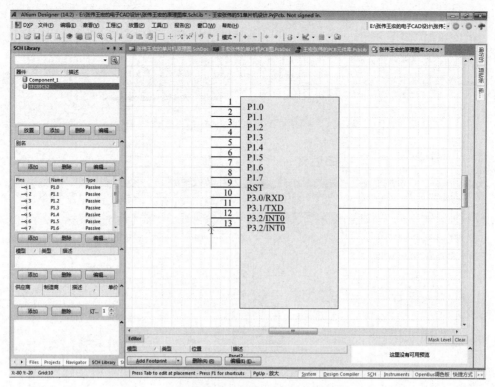

图 2-18　放置了 12 引脚后的原理图库元件

　　掌握了 12 引脚显示名字中有上画线的问题的处理方法后，关于引脚的"管脚属性"设置操作，就全部解决了。

　　12 引脚放置完成后按"Tab"键，在弹出的"管脚属性"对话框中，将 13 引脚的"显示名字"改为"P3.3/I\N\T\1\"，单击"确定"按钮后在等间隔位置上放置。

　　13 引脚放置完成后按"Tab"键，在弹出的"管脚属性"对话框中，将 14 引脚的"显示名字"改为"P3.4/T0"，单击"确定"按钮后在等间隔位置上放置。

　　14 引脚放置完成后按"Tab"键，在弹出的"管脚属性"对话框中，将 15 引脚的"显示名字"改为"P3.5/T1"，单击"确定"按钮后在等间隔位置上放置。

　　15 引脚放置完成后按"Tab"键，在弹出的"管脚属性"对话框中，将 16 引脚的"显示名字"改为"P3.6/W\R\"，单击"确定"按钮后在等间隔位置上放置。

　　16 引脚放置完成后按"Tab"键，在弹出的"管脚属性"对话框中，将 17 引脚的"显示名字"改为"P3.7/R\D\"，单击"确定"按钮后在等间隔位置上放置。

　　17 引脚放置完成后按"Tab"键，在弹出的"管脚属性"对话框中，将 18 引脚的"显示名字"改为"XTAL2"，单击"确定"按钮后在等间隔位置上放置。

　　18 引脚放置完成后按"Tab"键，在弹出的"管脚属性"对话框中，将 19 引脚的"显示名字"改为"XTAL1"，单击"确定"按钮后在等间隔位置上放置。

19 引脚放置完成后按"Tab"键，在弹出的"管脚属性"对话框中，将 20 引脚的"显示名字"改为"GND"，单击"确定"按钮后在等间隔位置上放置。

20 引脚放置完成后按"Tab"键，在弹出的"管脚属性"对话框中，将 21 引脚的"显示名字"改为"P2.0"，单击"确定"按钮后将引脚放置方向改变 180°（按两次空格键）放置。从图 2-1（d）中可知，21～28 引脚的显示名字可由其自增 1 功能自动修改，21～28 引脚的位置可通过连续单击 8 次来放置。

28 引脚放置完成后按"Tab"键，在弹出的"管脚属性"对话框中，将 29 引脚的"显示名字"改为"P\S\E\N\"，单击"确定"按钮后在等间隔位置上放置。

参照图 2-1（d）中 STC89C52 库元件的引脚名称，完成剩余的引脚放置。

全部绘制完成后的原理图库元件 STC89C52 如图 2-19 所示。

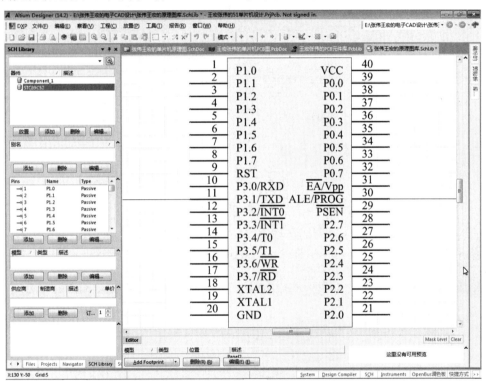

图 2-19　全部绘制完成后的原理图库元件 STC89C52

2.2　绘制原理图库元件 CH340G

2.2.1　在 SCH Library 面板中添加 CH340G 库元件

单击工作面板中"器件"选区的"添加"按钮，系统弹出"New Component Name"对话框，直接在文本框中输入"CH340G"，单击"确定"按钮。图 2-20 所示为在"SCH Library"面板中添加"CH340G"库元件。

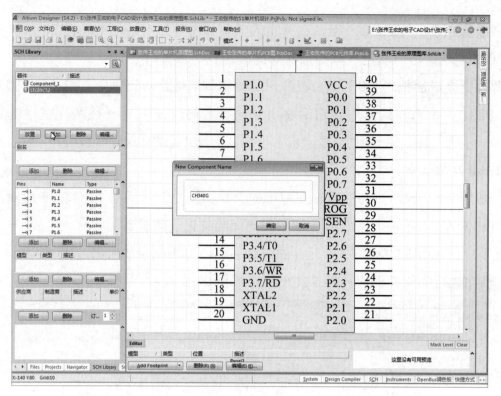

图 2-20　在"SCH Library"面板中添加"CH340G"库元件

2.2.2　为 CH340G 库元件放置矩形框

选择"放置"→"矩形"菜单命令，将矩形框的左下角顶点定位于（X：-30，Y：-50）格点上，移动鼠标将矩形框的右上角顶点定位于（X：30，Y：40）格点上。放置的库元件"CH340G"的矩形框如图 2-21 所示，右击退出矩形放置。

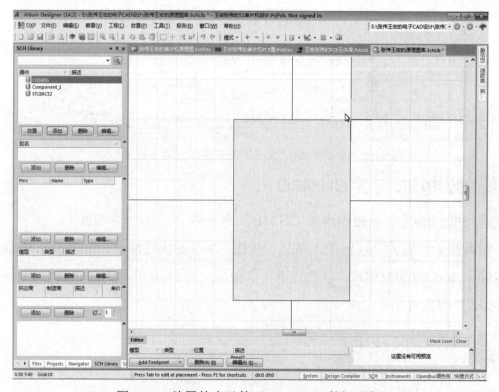

图 2-21　放置的库元件"CH340G"的矩形框

2.2.3　为CH340G库元件放置引脚

选择"放置"→"引脚"菜单命令，按照前面的方法完成各引脚放置，绘制完成的原理图库元件CH340G如图2-22所示。

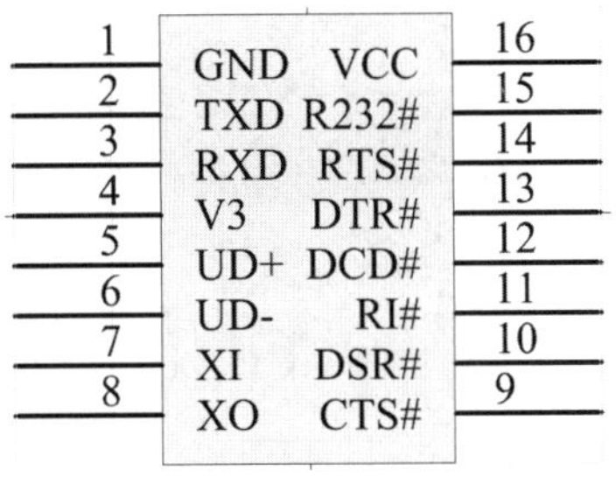

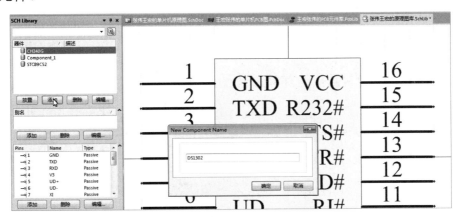

图2-22　绘制完成的原理图库元件CH340G

2.3　绘制原理图库元件DS1302

2.3.1　在SCH Library面板中添加DS1302库元件

单击工作面板中"器件"选区的"添加"按钮，系统弹出"New Component Name"对话框，直接在文本框中输入"DS1302"，单击"确定"按钮。图2-23所示为在"SCH Library"面板中添加DS1302库元件。

图2-23　在"SCH Library"面板中添加DS1302库元件

2.3.2　为DS1302库元件放置矩形框

选择"放置"→"矩形"菜单命令，将矩形框的左下角顶点定位于（X：-30，Y：-20）格点上，矩形框的右上角顶点定位于（X：20，Y：30）格点上。

2.3.3　为DS1302库元件放置引脚

选择"放置"→"引脚"菜单命令，按"Tab"键，在弹出的"管脚属性"对话框中将"长度"改为20后，参照前面的方法完成各引脚的放置。引脚长度改为20的DS1302库元件如图2-24所示。

至此完成了三个原理图库元件的绘制。选择"文件"→"保存"菜单命令，对其进行保存。

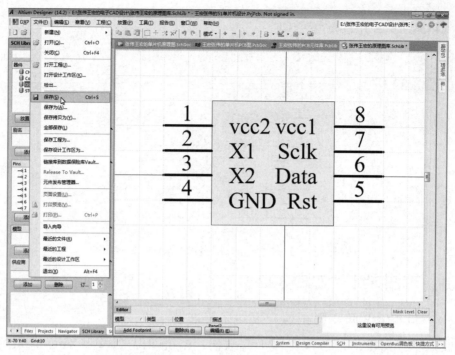

图 2-24　引脚长度改为 20 的 DS1302 库元件

任务3　绘制 LEDS 等库元件

用微课学·任务3

3.1　绘制原理图库元件 AT24C02

3.1.1　用"SCH Library"面板追加新原理图库元件 AT24C02

单击工作面板中"器件"选区的"添加"按钮，系统弹出"New Component Name"对话框，将默认名改为"AT24C02"，单击"确定"按钮。图 2-25 所示为新原理图库元件 AT24C02的命名。

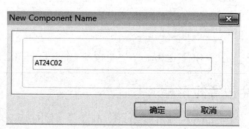

图 2-25　新原理图库元件 AT24C02 的命名

3.1.2　为 AT24C02 库元件放置矩形框

选择"放置"→"矩形"菜单命令，将矩形框的左下角顶点定位于（X：-30，Y：-30）格点上，矩形框的右上角顶点定位于（X：20，Y：20）格点上。

3.1.3　为 AT24C02 库元件放置引脚

选择"放置"→"引脚"菜单命令，参照前面的方法完成各引脚放置。绘制完成的新原理图库元件 AT24C02 如图 2-26 所示。

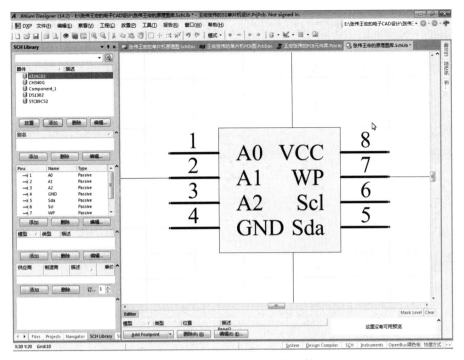

图 2-26　绘制完成的新原理图库元件 AT24C02

3.2　绘制原理图库元件 DIP20

3.2.1　用"SCH Library"面板追加新原理图库元件 DIP20

单击工作面板中"器件"选区的"添加"按钮，系统弹出"New Component Name"对话框，将默认名改为"DIP20"，单击"确定"按钮。图 2-27 所示为新原理图库元件 DIP20 的命名。

图 2-27　新原理图库元件 DIP20 的命名

3.2.2　为 DIP20 库元件放置矩形框

选择"放置"→"矩形"菜单命令，将矩形框的左下角顶点定位于（X：-10，Y：-60）格点上，矩形框的右上角顶点定位于（X：10，Y：50）格点上。

3.2.3　为 DIP20 库元件放置引脚

选择"放置"→"引脚"菜单命令，参照前面的方法完成各引脚的放置。绘制完成的新原理图库元件 D1P20 如图 2-28 所示。

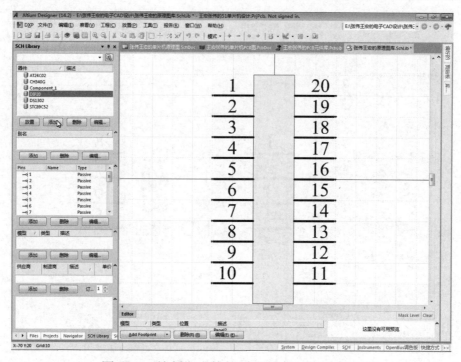

图 2-28　绘制完成的新原理图库元件 D1P20

3.3　绘制原理图库元件 USBJK

3.3.1　用"SCH Library"面板追加新原理图库元件 USBJK

单击工作面板中"器件"选区的"添加"按钮，系统弹出"New Component Name"对话框，将默认名改为"USBJK"，单击"确定"按钮。图 2-29 所示为新原理图库元件 USBJK 的命名。

图 2-29　新原理图库元件 USBJK 的命名

3.3.2　为 USBJK 库元件放置矩形框

选择"放置"→"矩形"菜单命令，将矩形框的左下角顶点定位于（X：-20，Y：-40）格点上，矩形框的右上角顶点定位于（X：10，Y：30）格点上。

3.3.3　为 USBJK 库元件放置引脚

选择"放置"→"引脚"菜单命令，参照前面的方法完成各引脚的放置。绘制完成的新原理图库元件 USBJK 如图 2-30 所示。

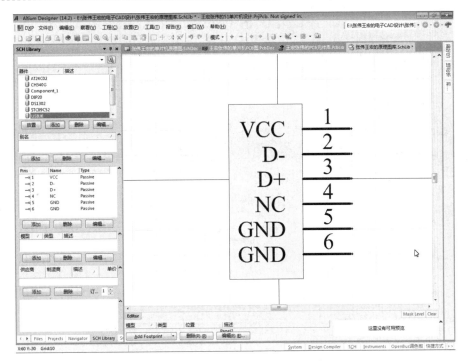

图 2-30　绘制完成的新原理图库元件 USBJK

3.4　绘制原理图库元件 DS18B20

3.4.1　用"SCH Library"面板追加新原理图库元件 DS18B20

单击工作面板中"器件"选区的"添加"按钮，系统弹出"New Component Name"对话框，将默认名改为"DS18B20"，单击"确定"按钮。图 2-31 所示为新原理图库元件 DS18B20 的命名。

图 2-31　新原理图库元件 DS18B20 的命名

3.4.2　为 DS18B20 库元件放置矩形框

选择"放置"→"矩形"菜单命令，将矩形框的左下角顶点定位于（X：-10，Y：-20）格点上，矩形框的右上角顶点定位于（X：30，Y：20）格点上。

3.4.3　为 DS18B20 库元件放置引脚

选择"放置"→"引脚"菜单命令，参照前面的方法完成各引脚的放置。绘制完成的新原理图库元件 DS18B20 如图 2-32 所示。

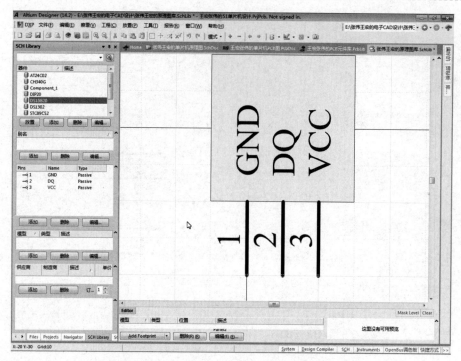

图 2-32　绘制完成的新原理图库元件 DS18B20

3.5　绘制原理图库元件 LEDS

3.5.1　用"SCH Library"面板追加新原理图库元件 LEDS

单击工作面板中"器件"选区的"添加"按钮，系统弹出"New Component Name"对话框，将默认名改为"LEDS"，单击"确定"按钮。图 2-33 所示为新原理图库元件 LEDS 的命名。

图 2-33　新原理图库元件 LEDS 的命名

3.5.2　为 LEDS 库元件放置矩形框

选择"放置"→"矩形"菜单命令，将矩形框的左下角顶点定位于（X：-120，Y：-40）格点上，矩形框的右上角顶点定位于（X：120，Y：50）格点上。

3.5.3　为 LEDS 库元件放置千位管上的笔段符

如图 2-34 所示，选择"放置"→"线"菜单命令。

画出数码的七段字符（七段码）如图 2-35 所示，在格点（X：-100，Y：40）上单击后鼠标右移到格点（X：-70，Y：40）上双击，画出七段码的"a"笔段；将鼠标移到格点（X：-70，Y：-20）上双击，画出七段码的"b"和"c"两笔段；鼠标向左移到格点（X：-100，Y：-20）上双击，画出七段码的"d"笔段；将鼠标向上移到格点（X：-100，Y：40）上双击，画出七段码的

"e"和"f"两笔段；将鼠标从格点（X：-100，Y：10）上移到格点（X：-70，Y：10）上双击，画出七段码的"g"笔段。

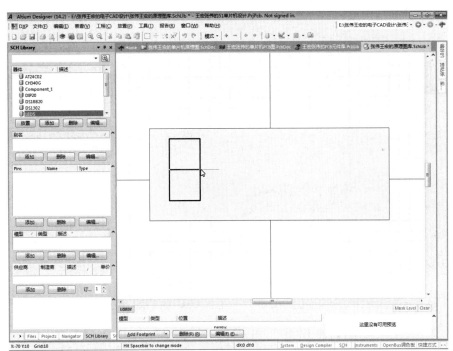

图 2-34 选择"放置"→
"线"菜单命令

图 2-35 画出数码的七段字符（七段码）

选中所画的七个笔段（按住"Shift"键的同时单击），先右击，在弹出的快捷菜单中选择"拷贝"选项，七段字符的拷贝操作如图 2-36 所示。选择右键菜单的"粘贴"选项，如图 2-37 所示。

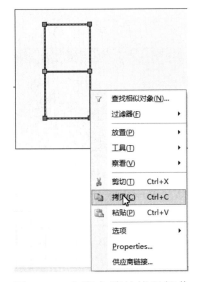

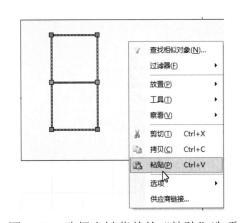

图 2-36 七段字符的拷贝操作

图 2-37 选择右键菜单的"粘贴"选项

接下来，如图 2-38 所示，用复制和粘贴的方法绘出另外三位笔段符。

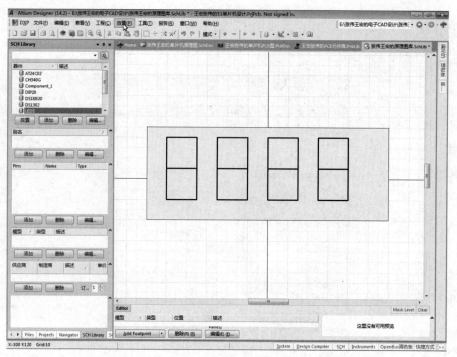

图 2-38　用复制和粘贴的方法绘出另外三位笔段符

3.5.4　为数码管放置小数点

在图 2-38 所示的界面上选择"放置"→"椭圆"菜单命令。图 2-39 所示为放置椭圆的菜单操作。

先将键盘锁定为大写字母输入状态，按"G"键，使状态栏上的"Grid"值显示为 5。修改椭圆的"X 半径""Y 半径"都为 5，如图 2-40 所示。

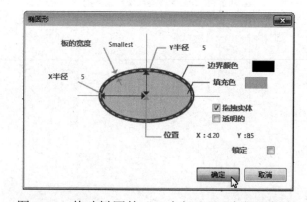

图 2-39　放置椭圆的菜单操作　　　　图 2-40　修改椭圆的"X 半径""Y 半径"都为 5

修改完成后，为 LEDS 库元件放置四个小圆如图 2-41 所示，每个小圆在放置时都要单击三次。

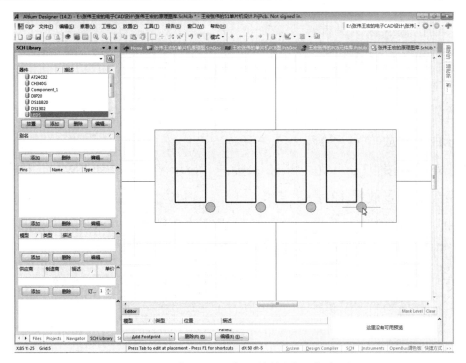

图 2-41　为 LEDS 库元件放置四个小圆

3.5.5　为原理图库元件 LEDS 放置引脚

在图 2-41 所示的界面上选择"放置"→"引脚"菜单命令，按"Tab"键，在弹出的"管脚属性"对话框中，将"显示名字"修改为"e"，"标识"修改为"1"，单击"确定"按钮后参照图 2-42 所示的位置放置 1 引脚，要特别注意，各引脚不是按序号排列的。

1 引脚放置完成后按"Tab"键，将 2 引脚的"显示名字"改为"d"，单击"确定"按钮后参照图 2-42 所示的位置放置 2 引脚。

2 引脚放置完成后按"Tab"键，将 3 引脚的"显示名字"改为"dp"，单击"确定"按钮后参照图 2-42 所示的位置放置 3 引脚。

3 引脚放置完成后按"Tab"键，将 4 引脚的"显示名字"改为"c"，单击"确定"按钮后参照图 2-42 所示的位置放置 4 引脚。

4 引脚放置完成后按"Tab"键，将 5 引脚的"显示名字"改为"g"，单击"确定"按钮后参照图 2-42 所示的位置放置 5 引脚。

5 引脚放置完成后按"Tab"键，将 6 引脚的"显示名字"改为"W4"，单击"确定"按钮后参照图 2-42 所示的位置放置 6 引脚。

6 引脚放置完成后按"Tab"键，将 7 引脚的"显示名字"改为"b"，单击"确定"按钮后参照图 2-42 所示的位置放置 7 引脚。

7 引脚放置完成后按"Tab"键，将 8 引脚的"显示名字"改为"W3"，单击"确定"按钮后参照图 2-42 所示的位置放置 8 引脚。

8 引脚放置完成后按"Tab"键，将 9 引脚的"显示名字"改为"W2"，单击"确定"按钮后参照图 2-42 所示的位置放置 9 引脚。

9 引脚放置完成后按"Tab"键，将 10 引脚的"显示名字"改为"f"，单击"确定"按钮后参照图 2-42 所示的位置放置 10 引脚。

10 引脚放置完成后按"Tab"键，将 11 引脚的"显示名字"改为"a"，单击"确定"按钮后参照图 2-42 所示的位置放置 11 引脚。

11 引脚放置完成后按"Tab"键，将 12 引脚的"显示名字"改为"W1"，单击"确定"按钮后参照图 2-42 所示的位置放置 12 引脚。

到此，就完成了 LEDS 库元件的绘制，绘制完成的数码管 LEDS 库元件如图 2-42 所示。

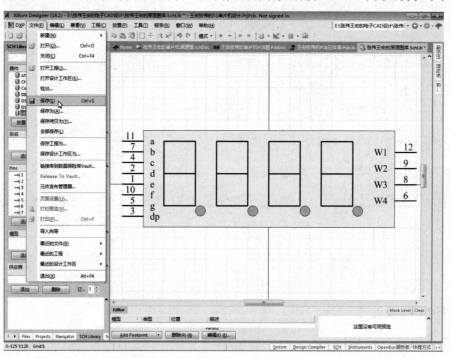

图 2-42　绘制完成的数码管 LEDS 库元件

选择"文件"→"保存"菜单命令，保存原理图库的全部设计作业。

小结 2

本章通过 STC89C52、CH340G 等 8 个原理图库元件的绘制，使读者牢固掌握基本的原理图库元件设计方法。本章的重点内容如下所述。

（1）进入原理图库元件设计环境的方法。

（2）增加并命名新原理图库元件的方法。

（3）给原理图库元件放置矩形框和引脚的方法。

（4）"管脚属性"中"显示名字"、"标识"和"长度"的设置方法。

习题 2

一、填空题

（1）在 AD14 软件主窗口中，先打开扩展名为＿＿＿＿＿＿＿的原理图库元件文件，再打开＿＿＿＿＿＿＿＿＿＿面板，就进入原理图库元件设计界面。

（2）在＿＿＿＿＿＿＿面板中单击元件框的＿＿＿＿＿＿＿按钮，系统就弹出新元件命名框。

（3）在空白原理图库元件绘制主界面中单击"＿＿＿＿"选项卡及"＿＿＿＿"选项后，就可在绘图空白区放置原理图库元件的外框。

（4）在原理图库元件绘制主界面中单击"＿＿＿＿＿＿"选项卡及"＿＿＿＿＿＿"选项后，就能给原理图库元件放置引脚。

二、问答题

怎样修改原理图库元件已经放置定位引脚的显示名字和标识？

三、上机作业

关于"编辑"选项卡中的"删除""Undo""Redo"三个选项的操作练习。

（1）启动 AD14 软件，打开 Schlib1.Schlib 文件，再打开"SCH Library"面板。

（2）在"SCH Library"面板中单击"AT24C02"元件名。

（3）单击"编辑"选项卡，选择"删除"选项，鼠标光标变成"×"字形状，将鼠标光标中心依次放在绘图区中 AT24C02 库元件的 8、7、6、5 引脚处单击，然后右击退出删除操作。观察 AT24C02 库元件图的变化。

（4）单击"编辑"选项卡，选择"Undo"选项，观察 AT24C02 库元件图的变化。

（5）单击"编辑"选项卡，选择"Redo"选项，观察 AT24C02 库元件图的变化，注意引脚数量。

（6）单击主界面右上角的"×"按钮，在弹出的是否保存更新的对话框中选择"No"按钮。

（7）重新启动 AD14 软件，打开 AT24C02 库元件的编辑窗口，观察 AT24C02 库元件的引脚数量。

项目三

设计 PCB 元件库

PCB 元件也称为元件的封装，它是表示电器元件外围尺寸和引脚排列的图形符号，是形成 PCB 图的主要构件。在原理图中，每一个原理图库元件都必须指定一个与之般配的 PCB 元件，这样该元件才能在 PCB 上占据相应的座位和焊盘。尽管 AD14 软件中自带了大量的 PCB 元件，但有时这些系统自带的 PCB 元件并不能完全满足工程设计的需要，还需自行绘制所需的 PCB 元件，否则就不能完成所需的 PCB 的开发设计任务。因此，我们必须掌握 PCB 元件的绘制技术。本项目的实操任务，就是为单片机实验板完成 5 个 PCB 元件的封装设计。

任务 4 绘制数码管等封装

4.1 绘制 LEDSPCB 封装

4.1.1 进入和设置 PCB 元件设计环境

用微课学·任务 4

单击工作区上方的"王宏张伟的 PCB 元件库.PcbLib"文件选项卡，工作区显示为 PCB 元件设计界面，再选择"工具"→"板层和颜色"菜单命令。图 3-1 所示为调整 PCB 环境颜色的菜单操作。

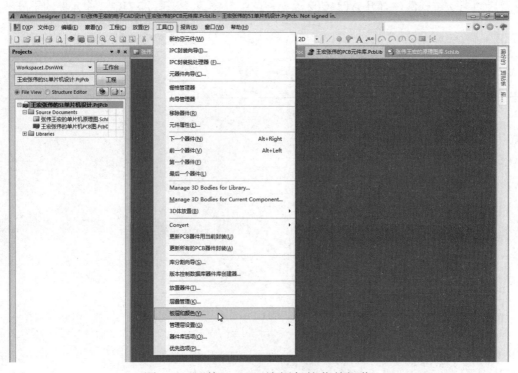

图 3-1　调整 PCB 环境颜色的菜单操作

图 3-1 所示的菜单命令执行后，系统进入"视图配置"界面，双击"丝印层"选区中的"Top Overlay"的颜色块，如图 3-2 所示。

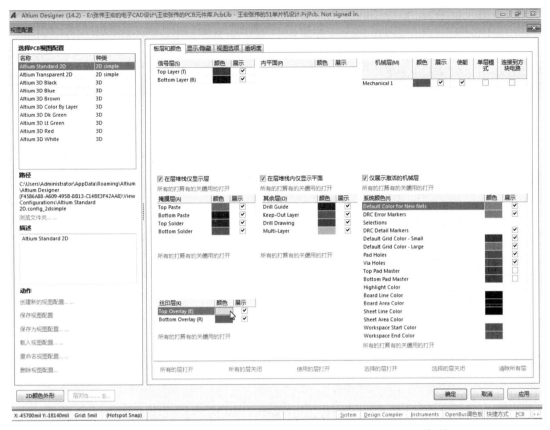

图 3-2　双击"丝印层"选区中的"Top Overlay"的颜色块

双击"丝印层"选区中"Top Overlay"的颜色块后，系统弹出"2D 系统颜色-Top Overlay"对话框，在"激活色彩方案"选区的颜色值垂直滚动条上，将颜色块的值由 230 改为 222。改变"Top Overlay"层的显示颜色值如图 3-3 所示。

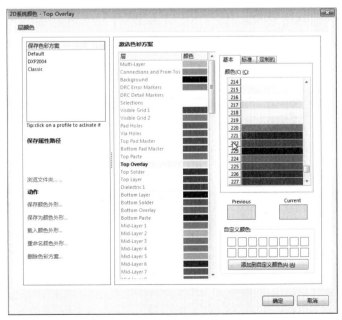

图 3-3　改变"Top Overlay"层的显示颜色值

"Top Overlay"层的显示颜色值改变完成后单击"确定"按钮，"2D 系统颜色-Top Overlay"对话框关闭。

用同样的方法，在图 3-2 所示界面的"系统颜色"选区中，将"Board Line Color"的颜色值改为 229，"Board Area Color"的颜色值改为 233，"Sheet Line Color"的颜色值改为 233，最下面两行的颜色值改为 46，其余不变。单击"确定"按钮，"视图配置"界面关闭。颜色改变后的设计界面如图 3-4 所示。

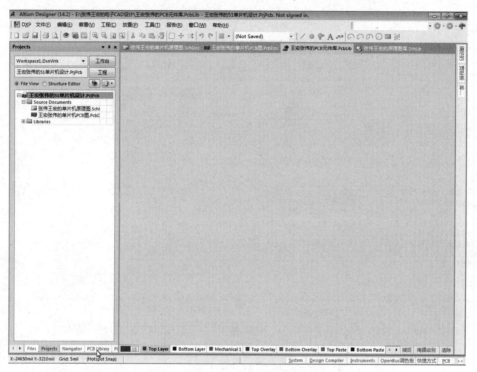

图 3-4　颜色改变后的设计界面

4.1.2　用"PCB Library"面板添加 LEDSPCB 元件

在图 3-4 所示界面的左边面板中，单击"PCB Library"标签，左边面板切换为 PCB 库面板。双击库面板中的默认元件名，系统弹出"PCB 库元件"对话框，如图 3-5 所示。

图 3-5　"PCB 库元件"对话框

在"名称"文本框中输入"LEDSPCB"并单击"确定"按钮，工作区显示出网格和原点图标。选择"编辑"→"跳转"→"参考"菜单命令，让光标跳转到原点中心。光标跳转到原点的操作如图 3-6 所示。

图 3-6　光标跳转到原点的操作

4.1.3　给 LEDSPCB 封装放置焊盘

为方便焊盘的放置，在大写锁定状态下按"G"键，在弹出的列表框中选择"10 Mil"选项。修改 Grid 值的操作如图 3-7 所示。

选择"放置"→"焊盘"菜单命令，放置焊盘的操作如图 3-8 所示。

图 3-7　修改 Grid 值的操作　　　　　　图 3-8　放置焊盘的操作

图 3-8 所示的菜单命令执行完成后，鼠标光标上吸附一焊盘待放置。放置该焊盘前要先设置其属性，按"Tab"键，系统弹出"焊盘"对话框，如图 3-9 所示。

在"焊盘"对话框中，将"属性"选区中"标识"文本框的数值改为 1，其余保持默认。单击"确定"按钮进入放置状态，图 3-10 所示为用 1 号焊盘领头进行焊盘放置。

在图 3-10 所示界面的状态栏上，可以看到"X"坐标和"Y"坐标的数值，这对坐标是当前鼠标光标的位置坐标，坐标数值随鼠标的移动而变化。放置每个焊盘时，注意观察状态栏上的

"X"坐标值和"Y"坐标值。依次在坐标（0，250）、（0，150）、（0，50）、（0，-50）、（0，-150）、（0，-250）、（600，-250）、（600，-150）、（600，-50）、（600，50）、（600，150）、（600，250）位置单击，完成12个焊盘的放置。LEDSPCB封装的12个焊盘放置位置如图3-11所示。放置完成后右击可退出焊盘放置状态。

图 3-9 "焊盘"对话框

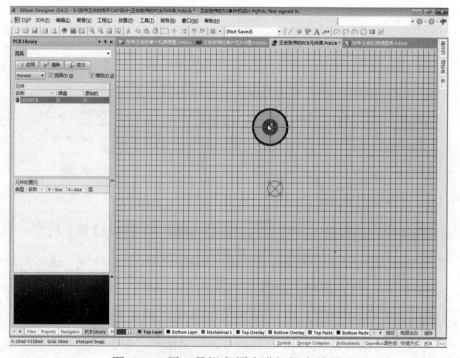

图 3-10 用 1 号焊盘领头进行焊盘放置

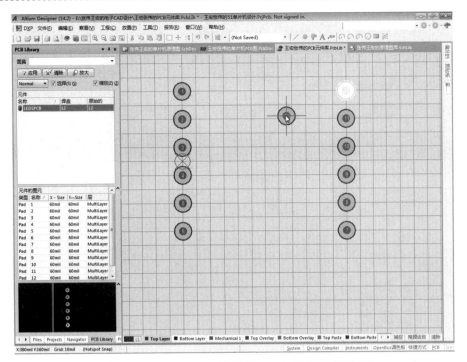

图 3-11 LEDSPCB 封装的 12 个焊盘放置位置

4.1.4 给 LEDSPCB 封装放置边线

为方便封装的边线放置，需调小显示比例，使上下各有 1100mil 的坐标范围。单击工作区下方的层标签栏（状态栏上面是层标签栏）中的"Top Overlay"层标签，图 3-12 所示为选择"Top Overlay"层标签。

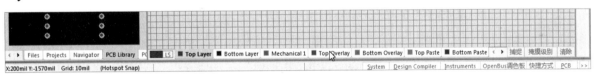

图 3-12 选择"Top Overlay"层标签

"Top Overlay"层标签选择完成后，选择"放置"→"走线"菜单命令。放置"走线"的菜单操作如图 3-13 所示。

图 3-13 放置"走线"的菜单操作

依次在坐标（-100，1020）、（700，1020）、（700，-1020）、（-100，-1020）、（-100，1020）位置单击，为 LEDSPCB 封装放置边线，如图 3-14 所示。放置边线完成后右击退出边线放置状态。至此完成 LEDSPCB 封装的绘制。

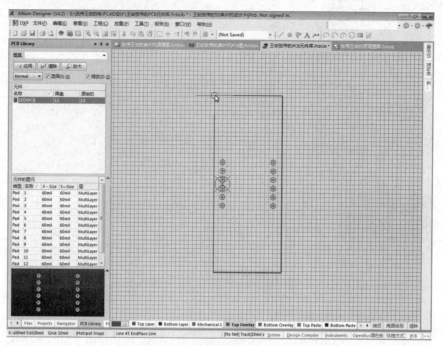

图 3-14　为 LEDSPCB 封装放置边线

4.2　绘制 SKPCB 封装

4.2.1　用"PCB Library"面板添加 SKPCB 元件

右击"PCB Library"面板，在弹出的右键菜单中单击"新建空白元件"选项。图 3-15 所示为用"PCB Library"面板的右键菜单添加 SKPCB 元件。

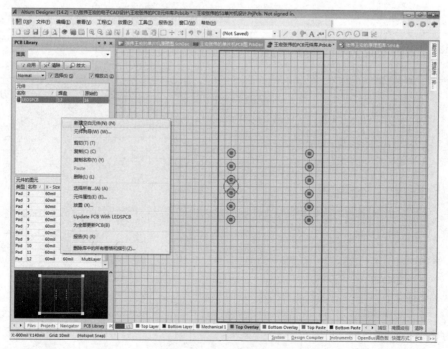

图 3-15　用"PCB Library"面板的右键菜单添加 SKPCB 元件

上述命令执行后，系统弹出"PCB 库元件"对话框，在"名称"文本框中输入"SKPCB"。图 3-16 所示为命名 SKPCB 封装元件。

图 3-16　命名 SKPCB 封装元件

4.2.2　给 SKPCB 封装放置焊盘

参照前面的方法，先选择"放置"→"焊盘"菜单命令，再按"Tab"键，修改焊盘的标识为 1，其余用默认值，然后依次在坐标（0，-100）、（0，-200）、（0，0）、（240，-200）、（240，-100）、（240，0）位置单击放置 6 个焊盘，最后右击退出焊盘放置状态。

4.2.3　给 SKPCB 封装放置边线

参照前面的方法，单击"Top Overlay"层标签，选择"放置"→"走线"菜单命令，依次在坐标（-60，60）、（300，60）、（300，-260）、（-60，-260）、（-60，60）位置单击画出 4 条边线，然后右击退出边线放置状态。至此完成 SKPCB 封装的绘制。完成的 SKPCB 封装元件如图 3-17 所示。

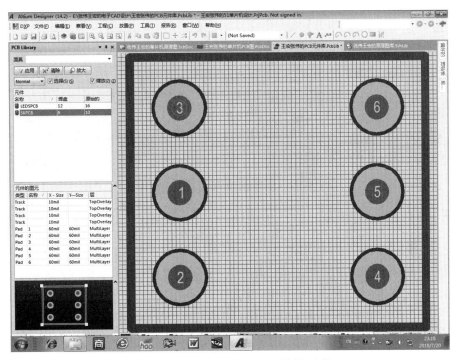

图 3-17　完成的 SKPCB 封装元件

4.3　绘制 SWPCB 封装

4.3.1　用"PCB Library"面板添加 SWPCB 元件

右击"PCB Library"面板，在弹出的右键菜单中单击"新建空白元件"选项，系统弹出"PCB

库元件"对话框，在"名称"文本框中输入"SWPCB"后单击"确定"按钮。

4.3.2 给 SWPCB 封装放置焊盘

参照前面的方法，先选择"放置"→"焊盘"菜单命令，再按"Tab"键，修改焊盘的标识为 1，其余用默认值，单击"确定"按钮后依次在坐标（0，0）、（0，-80）、（0，-160）、（200，-160）、（200，-80）、（200，0）位置单击放置 6 个焊盘，最后右击退出焊盘放置状态。

4.3.3 给 SWPCB 封装放置边线

参照前面的方法，单击"Top Overlay"层标签，选择"放置"→"走线"菜单命令，依次在坐标（-40，40）、（240，40）、（240，-200）、（-40，-200）、（-40，40）位置单击画出 4 条边线，最后右击退出边线放置状态。至此完成 SWPCB 封装的绘制。完成的 SWPCB 封装元件如图 3-18 所示。

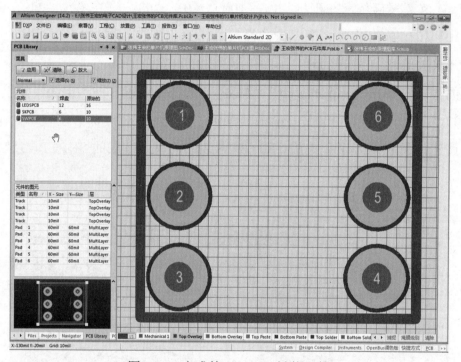

图 3-18　完成的 SWPCB 封装元件

4.4　绘制 DWQPCB 封装

4.4.1　用"PCB Library"面板添加 DWQPCB 元件

右击"PCB Library"面板，在弹出的右键菜单中单击"新建空白元件"选项，系统弹出"PCB 库元件"对话框，在"名称"文本框中输入"DWQPCB"后单击"确定"按钮。

4.4.2　给 DWQPCB 封装放置焊盘

参照前面的方法，先选择"放置"→"焊盘"菜单命令，再按"Tab"键，修改焊盘的标识为 1，其余用默认值，单击"确定"按钮后依次在坐标（0，0）、（200，0）、（100，100）位置单击放置 3 个焊盘，最后右击退出焊盘放置状态。

4.4.3 给 DWQPCB 封装放置边线

在大写字母锁定状态下按"G"键，在弹出的列表框中选择"5 Mil"选项。参照前面的方法，单击"Top Overlay"层标签，选择"放置"→"走线"菜单命令，然后依次在坐标（-25，130）、（225，130）、（225，-125）、（-25，-125）、（-25，130）位置单击画出 4 条边线，最后右击退出边线放置状态。至此完成 DWQPCB 封装的绘制。完成的 DWQPCB 封装元件如图 3-19 所示。

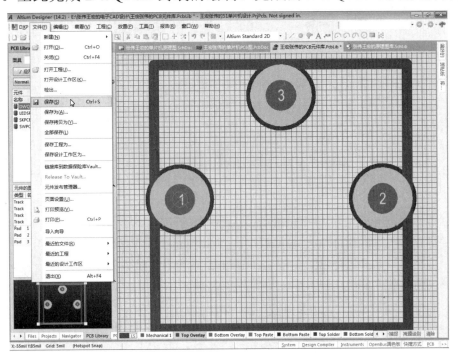

图 3-19 完成的 DWQPCB 封装元件

选择"文件"→"保存"菜单命令，保存本任务完成的全部作业。

🔍 任务 5 绘制 USBJKPCB 封装及安装所需封装库

用微课学·任务 5

5.1 绘制 USBJKPCB 封装

5.1.1 用"PCB Library"面板添加 USBJKPCB 元件

右击"PCB Library"面板，在弹出的右键菜单中单击"新建空白元件"选项，系统弹出"PCB 库元件"对话框，在"名称"文本框中输入"USBJKPCB"后单击"确定"按钮。

5.1.2 给 USBJKPCB 封装放置焊盘

执行放置焊盘的菜单命令，按"Tab"键，在弹出的"焊盘"对话框中，将"标识"改为"1"，"层"改为"Top Layer"，将"X-Size"值改为"90mil"，"Y-Size"值改为"15mil"，"外形"改为"Rectangular"。USBJKPCB 封装的焊盘属性设置如图 3-20 所示。

将鼠标的光标中心，依次放在坐标（140，50）、（140，25）、（140，0）、（140，-25）、（140，-50）上单击放置 5 个矩形焊盘。USBJKPCB 元件中的焊盘放置如图 3-21 所示。

图 3-20　USBJKPCB 封装的焊盘属性设置

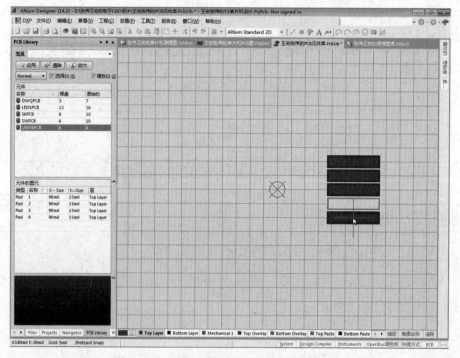

图 3-21　USBJKPCB 元件中的焊盘放置

接下来，按"Tab"键，在弹出的"焊盘"对话框中，将"层"改回"Multi-Layer"，"通孔尺寸"设置为"20mil"，"长度"设置为"50mil"，选中单选按钮"槽"，"X-Size"值不变，"Y-Size"值改为"50mil"，"外形"改为"Round"。单击"确定"按钮后，将鼠标的光标中心依次放在坐标（0，140）、（0，-140）、（140，140）、（140，-140）上单击放置 6～9 号焊盘。再按"Tab"键，在弹出的"焊盘"对话框中，将"通孔尺寸"改为"22mil"，选中单选按钮"圆形"，"X-Size"

值和"Y-Size"值都改为"22mil"，单击"确定"按钮后，将鼠标的光标中心依次放在坐标（80，85）、（80，-85）上单击放置 10 号、11 号焊盘，完成的 USBJKPCB 封装的焊盘放置如图 3-22 所示。右击退出焊盘放置状态。

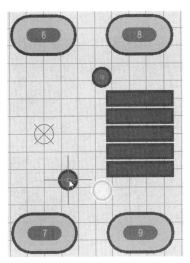

图 3-22　完成的 USBJKPCB 封装的焊盘放置

5.1.3　给 USBJKPCB 封装放置边线

单击"Top Overlay"层标签，选择"放置"→"走线"菜单命令，然后依次在坐标（-50，175）与（175，175）之间、坐标（-50，175）与（-50，-175）之间、坐标（-50，-175）与（175，-175）之间，各画一条走线，最后右击退出边线放置状态。至此完成 USBJKPCB 封装的绘制。完成的 USBJKPCB 封装如图 3-23 所示。

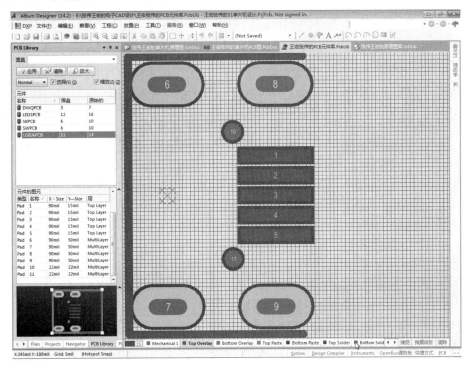

图 3-23　完成的 USBJKPCB 封装

选择"文件"→"保存"菜单命令，保存 PCB 元件库的设计。

5.2　安装所需封装库

在图 3-23 所示界面上用鼠标指在右边的"库"标签上，"库"面板向右展开，如图 3-24 所示。

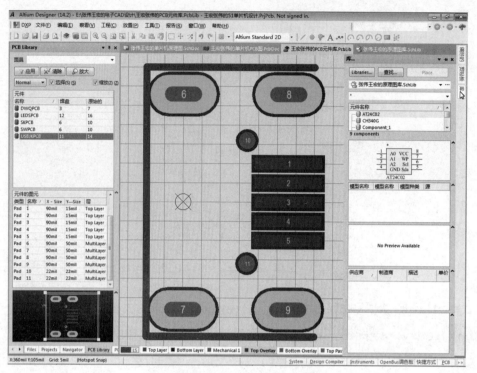

图 3-24　"库"面板向右展开

单击"库"面板上的"Libraries"按钮，系统弹出"可用库"对话框，在"工程"选项卡中，有我们在工程中已完成设计的两个库文件。可用库的"工程"选项卡显示如图 3-25 所示。

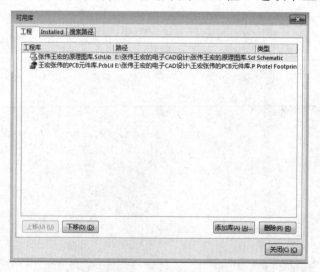

图 3-25　可用库的"工程"选项卡显示

5.2.1　删除不用的库文件

单击"可用库"对话框中的"Installed"选项卡，把从第三个起到最后一个已安装的库文件全部选中，选中后单击"删除"按钮。删除不需要的库文件如图 3-26 所示。

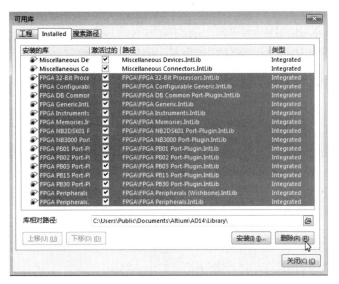

图 3-26　删除不需要的库文件

删除后剩余两个已安装的库文件，后续本书把第一个称为基本元件库，第二个称为基本插件库。

5.2.2　安装两个集成库文件

单击"Installed"选项卡中的"安装"按钮，如图 3-27 所示。

单击"安装"按钮后，系统弹出"打开"对话框，在对话框中先选中本地磁盘 E 盘，再打开"还须给 AD14 添加的库文件"文件夹。图 3-28 所示为按库文件存放的路径打开库文件。

图 3-27　单击"Installed"选项卡中的"安装"按钮　　图 3-28　按库文件存放的路径打开库文件

在打开的"还须给 AD14 添加的库文件"文件夹中，选择"ST Memory EPROM 1-16 Mbit"集成库文件，单击"打开"按钮，"打开"对话框关闭，所需"ST Memory EPROM 1-16 Mbit"集成库文件安装完成。图 3-29 所示为"ST Memory EPROM 1-16 Mbit"集成库文件的安装。

"打开"对话框关闭后，如图 3-30 所示，"可用库"对话框显示出安装的集成库文件。

再次单击"可用库"对话框中"Installed"选项卡中的"安装"按钮，在系统弹出的"打开"对话框中，选择"ST Logic Countcr"集成库文件并打开，"打开"对话框关闭后，"可用库"对话框立即显示出刚安装的"ST Logic Counter"集成库文件。

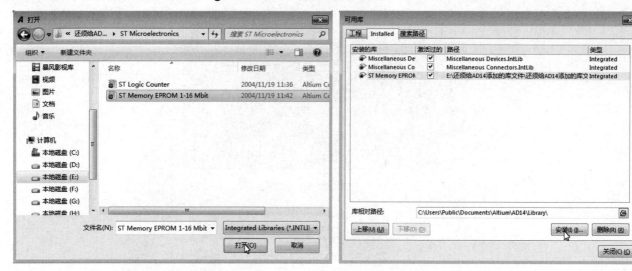

图 3-29 "ST Memory EPROM 1-16 Mbit" 　　　图 3-30 "可用库"对话框显示出安装的集成库文件
集成库文件的安装

5.2.3 安装两个封装库文件

单击"可用库"对话框中"Installed"选项卡中的"安装"按钮，在系统弹出的"打开"对话框中，先打开本地磁盘 E 盘中的"还须给 AD14 添加的库文件"文件夹，进入后再打开"Pcb"文件夹，展开文件类型下拉列表框，从中选取"（*.PCBLIB）"扩展名。图 3-31 所示为更换"（*.PCBLIB）"扩展名。

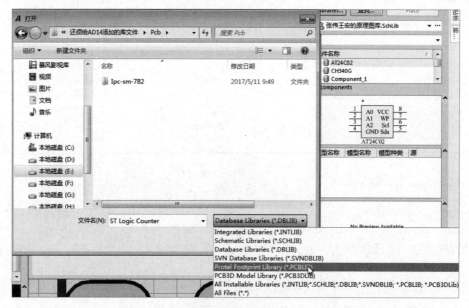

图 3-31 更换"（*.PCBLIB）"扩展名

文件类型更换完成后，如图 3-32 所示，选择并打开"Crystal Oscillator"库文件，"可用库"对话框立即显示出刚安装的"Crystal Oscillator"集成库文件。

接下来，继续单击"可用库"对话框中"Installed"选项卡中的"安装"按钮，在系统弹出的"打开"对话框中，先打开"Pcb"文件夹中的"Ipc-sm-782"文件夹，选择并打开"IPC-SM-782

Section 8.1 Chip Resistor"封装库文件。如图 3-33 所示,"可用库"对话框中"Installed"选项卡显示出新安装的 4 个库文件。

图 3-32 选择并打开"Crystal Oscillator" 库文件

图 3-33 "可用库"对话框中"Installed"选项卡 显示出新安装的 4 个库文件

5.2.4 用"查找"的方法安装两个封装库

如图 3-34 所示,单击"库"面板上的"查找"按钮,系统弹出"搜索库"对话框。

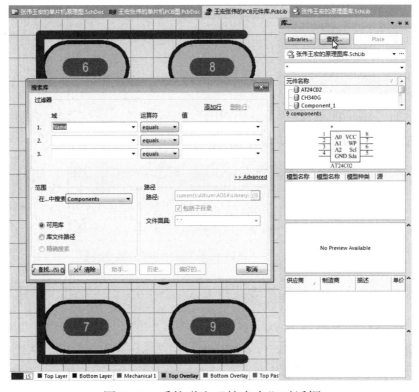

图 3-34 系统弹出"搜索库"对话框

在"搜索库"对话框中,将"运算符"栏的名称改选为"contains",在"值"文本框中输入"SOP",将"在…中搜索"的类型改选为"Footprints",选中"库文件路径"单选按钮,将"路径"文本框的内容改为"E:",勾选"包括子目录"复选框,上述操作全部完成后单击"查找"

按钮。"搜索库"对话框的设置如图 3-35 所示。

"查找"命令执行完成后，如图 3-36 所示，系统在"库"面板中显示出搜索的结果。

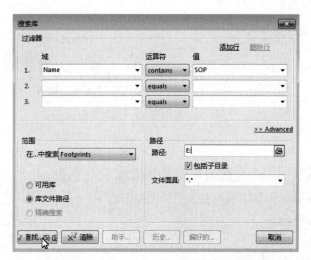

图 3-35　"搜索库"对话框的设置　　　　　图 3-36　系统在"库"面板中显示出搜索的结果

在图 3-36 所示的"库"面板中，双击其中的一个封装名，系统弹出"Confirm"对话框，确认"Confirm"对话框的提示信息如图 3-37 所示。

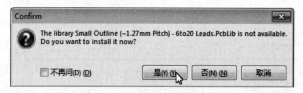

图 3-37　确认"Confirm"对话框的提示信息

确认命令执行后，对应的封装库就被系统安装，"库"面板关闭。打开"库"面板，单击"Search"按钮后，同样将"运算符"栏的名称改选为"contains"，在"值"文本框中输入"SO-G3"，将"在…中搜索"的类型改选为"Footprints"，"库文件路径"和"路径"保持不变，最后单击"查找"按钮。图 3-38 所示为查找"SO-G3"封装的对话框设置。

单击"查找"按钮，"库"面板中显示出搜索的结果，双击搜索结果中的一个封装，系统弹出"Confirm"对话框，单击"是"按钮后系统自动安装相应封装库文件。

确认命令执行完成后，"库"面板关闭，打开"库"面板，单击"Libraries"按钮，如图 3-40 所示，"Installed"选项卡内显示出在本任务中安装的 6 个库文件。

图 3-38　查找"SO-G3"封装的对话框设置

图 3-39　确认"Confirm"对话框的提示信息

图 3-40　"Installed"选项卡内显示出在本任务中安装的 6 个库文件

小结 3

本章通过绘制 LEDSPCB、SKPCB、SWPCB 等 5 个元件的封装，展开 PCB 元件设计制作，让读者牢固掌握基本元件封装的设计方法。本章的重点内容如下所述。

（1）进入 PCB 元件绘制环境的方法。

（2）新增加 PCB 元件并为其命名的方法。

（3）给 PCB 元件放置焊盘和边线的方法。

（4）圆形焊盘大小的改变方法。

（5）槽形焊盘的设置方法。

（6）贴片封装焊盘放置时层的选择。

（7）PCB 板层颜色的设置操作。

⌕ 习题 3

一、填空题

（1）在 AD14 软件主窗口中，打开扩展名为＿＿＿＿＿＿＿的 PCB 元件库文件，再打开＿＿＿＿＿＿＿＿＿面板，就进入 PCB 元件设计界面。

（2）在＿＿＿＿＿＿＿＿＿面板中右击元件排列框，系统就弹出快捷菜单，单击快捷菜单中的＿＿＿＿＿＿选项，元件排列框中就新增一＿＿＿＿＿＿＿，双击元件排列框中的新增项，系统就弹出＿＿＿＿＿＿＿＿＿对话框。

（3）在 PCB 元件设计主窗口中，依次选择＿＿＿＿＿＿选项卡和＿＿＿＿＿＿选项，鼠标光标上就吸附一个焊盘符以待放置，若此时按"Tab"键，系统就弹出＿＿＿＿＿＿。

（4）在 PCB 元件设计主窗口中，依次选择＿＿＿＿＿选项卡和＿＿＿＿＿＿选项，鼠标光标变为"×"形状，此时可为 PCB 元件画直线外框。

二、问答题

1．PCB 元件的焊盘是放置在 PCB 的哪个层面上的呢？PCB 元件的边线是放置在 PCB 的哪个层面上的呢？

2．贴片封装的焊盘放置在什么层上？贴片封装的外框线又放在哪个层上？

3．PCB 元件封装中的焊盘号与原理图中的什么标示一一对应？

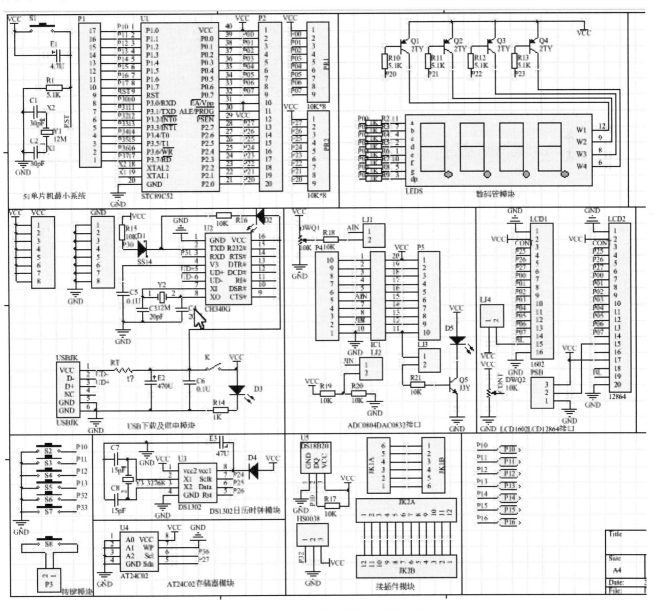

项目四

基于模块单元的单片机学习板设计

本项目的实操任务是按模块逐块完成图 4-1 所示的单片机学习板原理图设计，且同步逐块完成图 4-2 所示的与单片机学习板原理图对应的 PCB 元件布局。

图 4-1　单片机学习板原理图设计

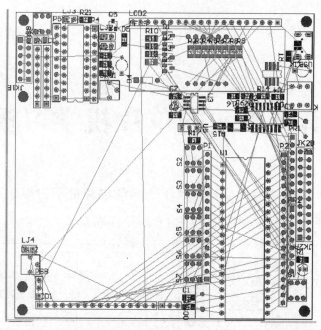

图 4-2　与单片机学习板原理图对应的 PCB 元件布局

🔍任务 6　绘制单片机最小系统

用微课学·任务 6

6.1　设置原理图设计中的网络标号和电源标记的报错种类

进入原理图设计界面，选择"工程"→"工程参数"菜单命令。设置原理图检查规则的菜单操作如图 4-3 所示。

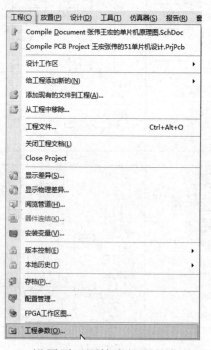

图 4-3　设置原理图检查规则的菜单操作

执行上述命令后，系统进入工程参数的"Error Reporting"选项卡界面，如图 4-4 所示，将"Floating net labels"选项的"警告"改为"致命错误"。具体操作：单击"Violations Associated with

Nets"栏目下的"Floating net labels"选项，单击其默认的"报告格式"名称"警告"，从下拉列表中双击选择"致命错误"选项。

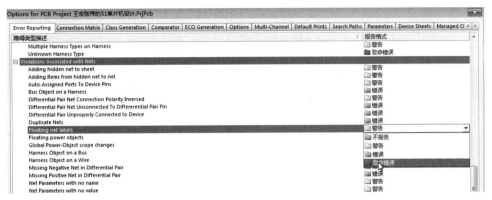

图 4-4　将"Floating net labels"选项的"警告"改为"致命错误"

单击"Violations Associated with Nets"栏目下的"Floating power objects"选项，用相同的方法将"报告格式"名称由"警告"改为"致命错误"。修改后的网络标号和电源标记的报告格式名称如图 4-5 所示。

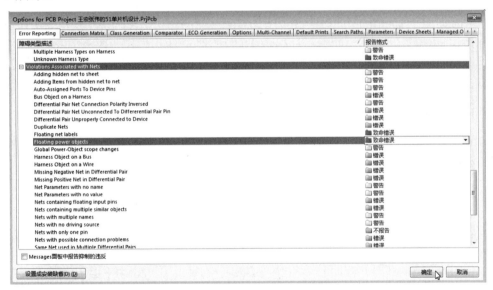

图 4-5　修改后的网络标号和电源标记的报告格式名称

6.2　绘制单片机最小系统原理图

6.2.1　放置单片机最小系统的电路元件

6.2.1.1　放置 U1 元件

进入原理图设计界面，展开"库"面板，选择"张伟王宏的原理图库"库文件后，在"元件名称"列表中选取"STC89C52"，然后单击"Place STC89C52"按钮。图 4-6 所示为 STC89C52 元件的选取。

上述命令执行完成后，按"Tab"键，系统弹出"Properties for Schematic Component in Sheet [张伟王宏的单片机原理图.SchDoc]"（为行文方便，以下称为"元件属性"）对话框。在该对话框中，第一是处理"Designator"，为元件指定标识为"U1"，各元件的标识不能相同；第二是处理"Comment"，为元件标示注释，这里要显示"STC89C52"；第三是处理"Models"选区中的封装。封装的处理方式有两种：①用集成封装（此时"Name"栏目中有封装名显示）；②添加封装（此时"Name"栏目中没有封装名显示或虽有封装名显示但要更换）。说明：用集成封装，即不处理封装。

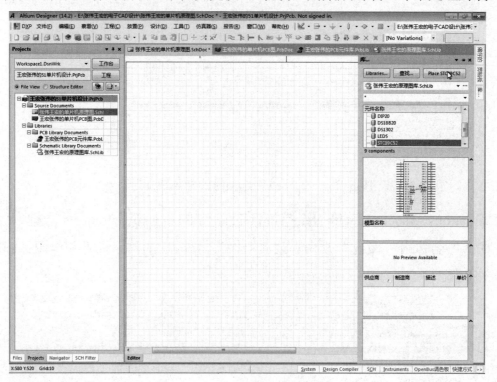

图 4-6　STC89C52 元件的选取

系统提供的基本元件库和基本插件库都是集成库。集成库中的元件是原理图库元件和封装库元件的集成（组合）。这里的 STC89C52 元件不是集成库元件，仅是工程中的原理图库元件，所以没有封装，因此需要添加。

图 4-7 所示为添加封装的第 1 步——单击"Add"按钮。

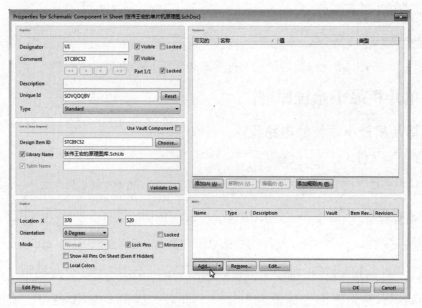

图 4-7　添加封装的第 1 步——单击"Add"按钮

上述命令执行后，系统弹出"添加新模型"对话框，如图 4-8 所示。

添加封装的第 2 步是在"模型种类"下拉列表中选取"Footprint"并单击"确定"按钮。上述命令执行后，系统在元件属性对话框上面弹出"PCB 模型"对话框，如图 4-9 所示。

图 4-8 　"添加新模型"对话框 　　　　　　　　图 4-9 　"PCB 模型"对话框

添加封装的第 3 步是单击"PCB 模型"对话框中的"浏览"按钮。该命令执行后，系统在"PCB 模型"对话框上面弹出"浏览库"对话框。

图 4-10 所示为添加封装的第 4 步——在"浏览库"对话框中展开"库"下拉列表。

图 4-11 所示为添加封装的第 5 步——在"库"下拉列表中选取库文件。先单击"ST Memory EPPROM 1-16 Mbit.IntLib [Footprint View]"封装库文件，再单击"确定"按钮，以显示库文件中的库元件。

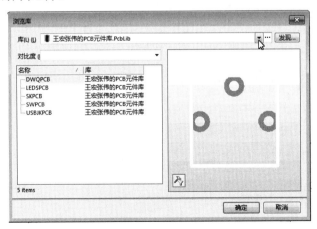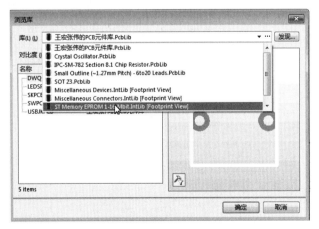

图 4-10 　添加封装的第 4 步——在"浏览库" 　　　图 4-11 　添加封装的第 5 步——在"库"下拉列表中
　　　　　对话框中展开"库"下拉列表 　　　　　　　　　　　　　选取库文件

上述命令执行后，"库"文本框显示为"ST Memory EPPROM 1-16 Mbit.IntLib [Footprint View]"。图 4-12 所示为添加封装的第 6 步——在库文件中选取库元件。先在左边的库元件列表中单击"FDIP40W"库元件，单击后右边就显示出相应的封装图，然后单击"确定"按钮。

上述命令执行后，"浏览库"对话框关闭，"PCB 模型"对话框显示出该封装图。图 4-13 所示为添加封装的第 7 步——确定 PCB 模型中选择的封装。

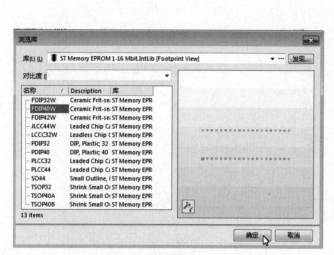

图 4-12　添加封装的第 6 步——在库文件中
选取库元件

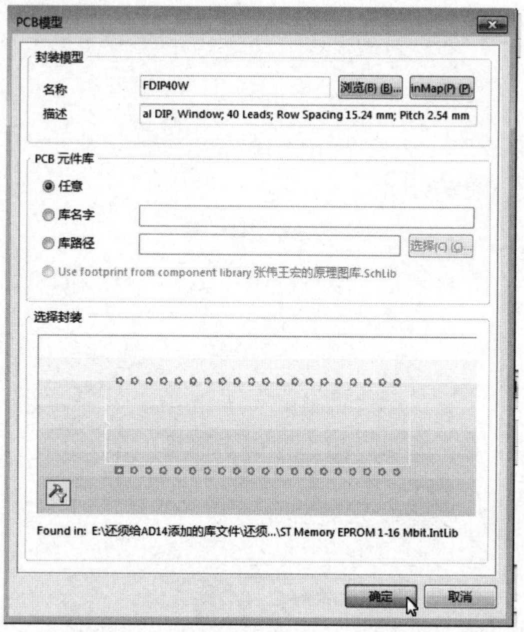

图 4-13　添加封装的第 7 步——确定 PCB 模型中
选择的封装

上述命令执行后，"PCB 模型"对话框关闭，添加封装完成。此时元件属性对话框完整显示出设置的全部事项：①元件标识为"U1"；②元件注释显示为"STC89C52"；③元件封装为"FDIP40W"。完成三项处理后的元件属性对话框如图 4-14 所示。

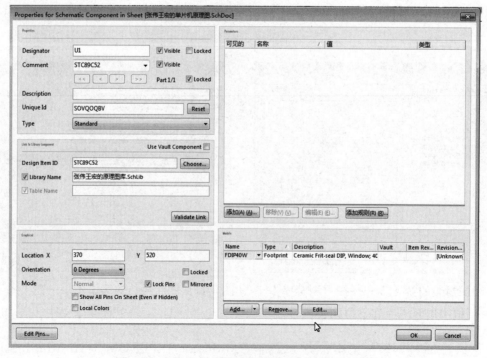

图 4-14　完成三项处理后的元件属性对话框

单击"OK"按钮，关闭元件属性对话框，将箭头上吸附着 U1 元件的鼠标（注意光标中心在元件 1 引脚上）向左移动到坐标（160，720）位置单击放置，再右击退出放置状态。图 4-15 所示为在坐标（160，720）位置单击放置 U1 元件。

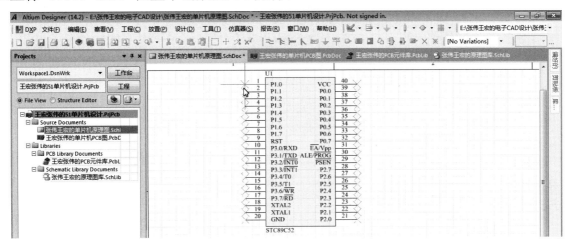

图 4-15　在坐标（160，720）位置单击放置 U1 元件

6.2.1.2　放置 P1、P2、PR1、PR2 元件

U1 元件放置完成后展开"库"面板，打开库文件下拉列表，如图 4-16 所示。在下拉列表中选择"Miscellaneous Connectors. IntLib"选项，如图 4-17 所示。在"元件名称"列表中选择"Header 17"选项，如图 4-18 所示。

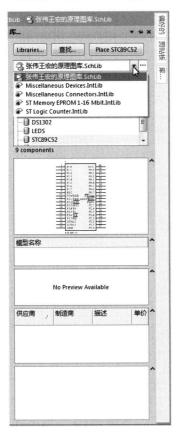

图 4-16　打开库文件下拉列表

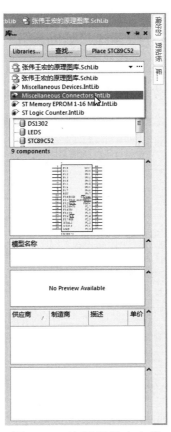

图 4-17　选择所需库文件

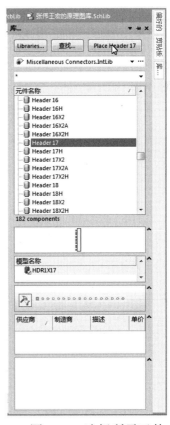

图 4-18　选择所需元件

单击图 4-18 所示界面中的"Place Header 17"按钮，按"Tab"键，在弹出的元件属性对话框中，将标识命名为"P1"、关闭注释显示（即不勾选"Visible"复选框）并用集成封装。元件属性对话框的设置如图 4-19 所示。

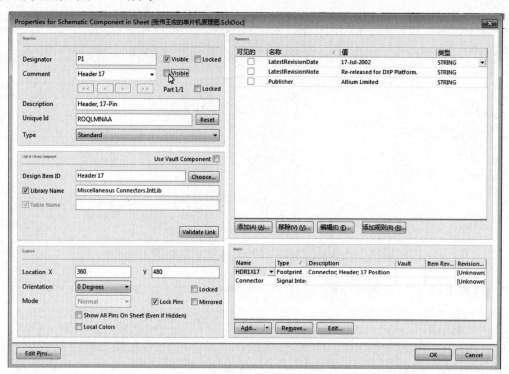

图 4-19　元件属性对话框的设置

完成上述操作并单击"OK"按钮，绘图区的鼠标箭头上就吸附着一个 P1 元件，按两次空格键（旋转 180°）后，移动 P1 元件使其引脚与 U1 元件引脚的上部对齐，在出现 17 个如图 4-20 所示的米字符时单击，完成 P1 元件的放置（说明：只有出现米字符才为电气连接）。

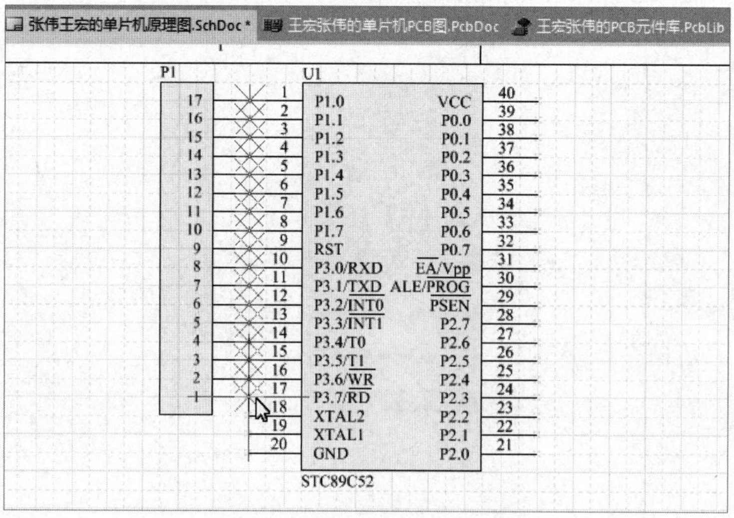

图 4-20　电气连接时的米字符标记

右击退出放置状态。展开"库"面板，在与上面相同的"元件名称"列表中选择"Header 20"选项，然后单击"Place Header 20"按钮，再按"Tab"键，在弹出的元件属性对话框中将标识命名为"P2"、关闭注释显示并用集成封装。完成上述操作后，移动 P2 元件直到其引脚与 U1 元件的引脚全部对接（即各引脚电气连接）时，单击完成 P2 元件的放置。图 4-21 所示为 P2 元件与 U1 元件对接放置。

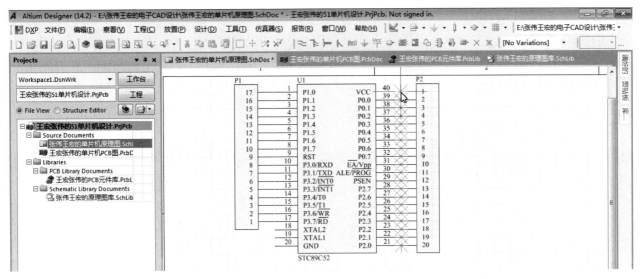

图 4-21　P2 元件与 U1 元件对接放置

右击退出放置状态。展开"库"面板，在同上的"元件名称"列表中选择"Header 9"选项，然后单击"Place Header 9"按钮，再按"Tab"键，在弹出的元件属性对话框中将标识命名为"PR1"、注释文本框中输入"10K*8"且不处理封装。完成上述操作后，如图 4-22 所示，连续一上一下地单击两次鼠标放置元件 PR1、PR2。放置完成后右击退出放置状态。

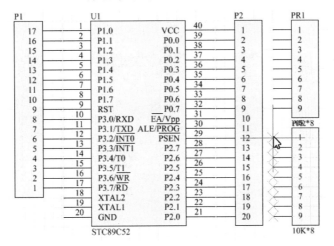

图 4-22　连续一上一下地单击两次鼠标放置元件 PR1、PR2

6.2.1.3　放置 S1 元件和 Y1 元件

展开"库"面板，先如图 4-23 所示，在库文件下拉列表中选择"Miscellaneous Devices.IntLib"选项，然后如图 4-24 所示，在该库的"元件名称"列表中选择"SW-PB"选项并单击"Place SW-PB"按钮。

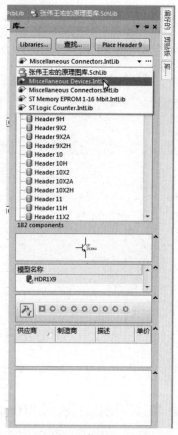

图 4-23　选择库文件

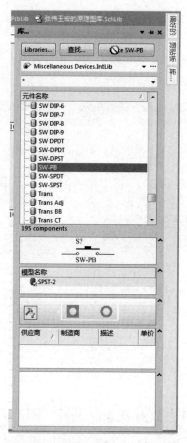

图 4-24　选择"SW-PB"选项

完成上述操作后，按"Tab"键，在弹出的元件属性对话框中将标识命名为"S1"、关闭注释显示并参照图 4-7～图 4-9 处理封装。因 S1 元件所需的封装就在默认库文件中，故省去了展开"库"列表和选择库文件的操作，可直接在当前库中选择"SWPCB"封装元件，如图 4-25 所示。

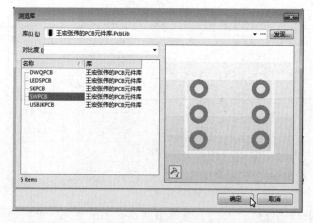

图 4-25　在当前库中选择"SWPCB"封装元件

参照图 4-13 确定 PCB 模型并在元件属性对话框内单击"OK"按钮后，鼠标箭头就吸附着一个 S1 元件，单击完成 S1 元件的放置，并右击退出放置状态。S1 元件的定位如图 4-26 所示。

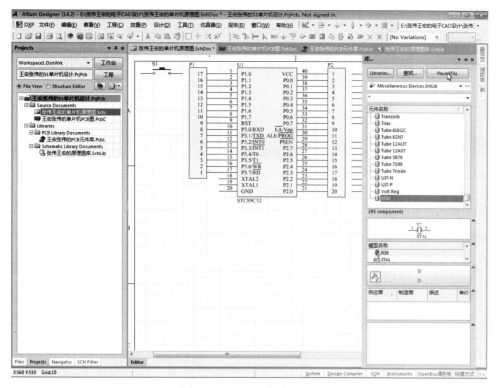

图 4-26　S1 元件的定位

S1 元件放置完成后，展开"库"面板，参照图 4-26 在"元件名称"列表中选择"XTAL"选项，单击"Place XTAL"按钮后按"Tab"键处理其元件属性对话框：①将标识命名为"Y1"；②注释显示为"12M"；③处理封装的步骤 1～步骤 4 同图 4-7～图 4-10，步骤 5 是在库文件列表中选择"Crystal Oscillator"选项，步骤 6 如图 4-27 所示，在该库文件中选择"BCY-W2/E4.7"选项并单击"确定"按钮。

单击"OK"按钮完成元件属性设置后，鼠标光标上就吸附着一个 Y1 元件，参照图 4-28 所示的位置单击完成 Y1 元件的放置。放置完成后右击退出放置状态。

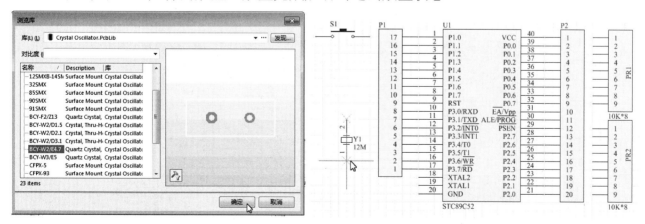

图 4-27　在库文件中选择"BCY-W2/E4.7"选项　　　　图 4-28　Y1 元件的放置位置

6.2.1.4　放置 C1、C2、E1、R1 元件

展开"库"面板，如图 4-29 所示，在当前"元件名称"列表中选取"Cap"选项。单击"Place Cap"按钮后按"Tab"键，在弹出的元件属性对话框中进行设置：①将标识命名为"C1"；②关

闭注释；③将"Value"的值改为"30pF"；④封装的处理步骤类似 U1 封装的处理步骤，封装所在库为系统的基本元件库，封装名称为"C1206"。图 4-30 所示为 C1 封装所在的库文件名称和封装名称。

图 4-29　选取"Cap"元件

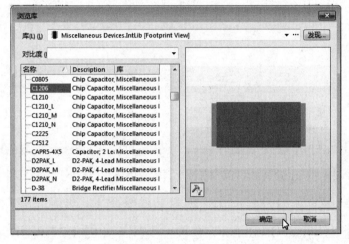

图 4-30　C1 封装所在的库文件名称和封装名称

单击"OK"按钮完成 C1 元件的属性设置后，放置 C1、C2 元件，如图 4-31 所示，分别在 C1 元件与 Y1 上端对接、C2 元件与 Y1 下端对接时单击，完成 C1 元件和 C2 元件的放置。放置完成后右击退出放置状态。

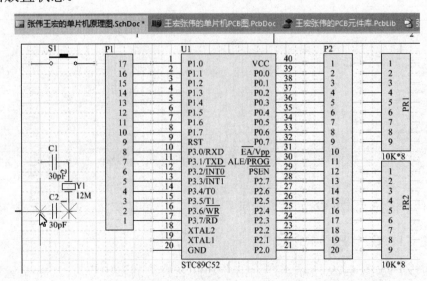

图 4-31　放置 C1、C2 元件

　　展开"库"面板，如图 4-32 所示，在当前"元件名称"列表中选取"Cap Pol2"选项。单击"Place Cap Pol2"按钮后按"Tab"键，在弹出的元件属性对话框中进行属性设置：①将标识命名为"E1"；②关闭注释；③将"Value"值改为 4.7U；④处理封装。E1 封装的处理要点如图 4-33 所示，要选择的封装库文件为"Miscellaneous Devices.IntLib[Footprint View]"，封装元件名称为"CAPR5-4×5"。

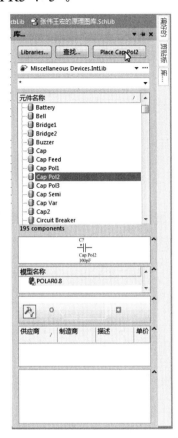

图 4-32　选取"Cap Pol2"元件

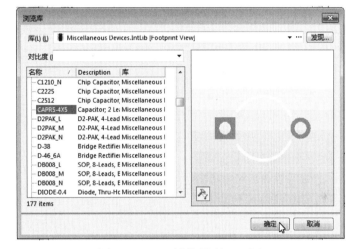

图 4-33　E1 封装的处理要点

　　单击"OK"按钮完成 E1 元件的属性设置后，将 E1 元件按图 4-34 所示的位置进行放置。放置完成后右击退出放置状态。

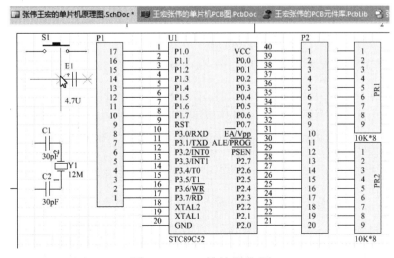

图 4-34　E1 的放置位置

展开"库"面板，如图 4-35 所示，在当前"元件名称"列表中选取"Res2"选项，单击"Place Res2"按钮后按"Tab"键，在弹出的元件属性对话框中进行属性设置：①将标识命名为"R1"；②关闭注释；③将"Value"值改为 5.1K；④添加封装。要选择的封装库文件为"Miscellaneous Devices.IntLib[Footprint View]"，封装元件名称为"C1206"（参考前面的图 4-30）。

单击"OK"按钮完成 R1 元件的属性设置后，按图 4-36 所示的位置放置 R1 元件，然后右击退出放置状态。至此完成了单片机最小系统的全部元件放置。

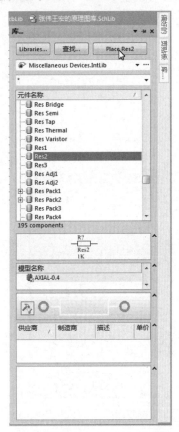

图 4-35　选取"Res2"元件

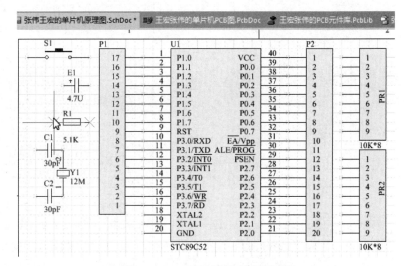

图 4-36　R1 元件的放置位置

6.2.2　放置连接单片机最小系统的导线、网络标号及电源端口

6.2.2.1　放置导线

如图 4-37 所示，单击工具栏上的"放置线"图标。

图 4-37　单击工具栏上的"放置线"图标

单击后光标成"×"形状，放置第 1 条导线，如图 4-38 所示，将光标中心放在 E1 左引脚端单击以确定导线起点，然后向左移动鼠标与 S1 左引脚端对齐时向上移动鼠标到 S1 左引脚端上，当出现 3 个米字符号时单击，完成第 1 条导线的放置。然后放置第 2 条导线，如图 4-39 所示，将鼠标光标中心移到 R1 左引脚端单击以确定导线起点，再将光标中心向左移到向下对齐 C1、

C2 左引脚端时向下移动光标中心到 C2 左引脚端上，当出现 4 个米字符号时单击，完成第 2 条导线的放置。将光标中心移到 S1 右引脚端放置第 3 条导线，如图 4-40 所示，单击后向下移动经过 E1、R1 右引脚端后单击，完成第 3 条导线的放置。再右击退出放置状态。

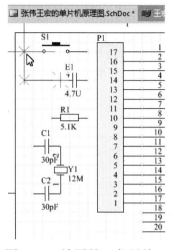

图 4-38　放置第 1 条导线

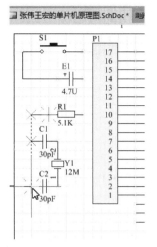

图 4-39　放置第 2 条导线

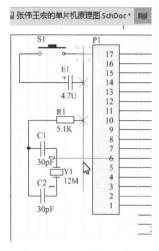

图 4-40　放置第 3 条导线

6.2.2.2　放置网络标号

电路图中两节点的连接，除了用导线相连的方法外，还可在两节点上各自放置一个同名的网络标号来进行连接。接下来，为单片机最小系统放置网络标号，如图 4-41 所示，选择"放置"→"网络标号"菜单命令。

上述命令执行后，系统弹出"网络标签"对话框，如图 4-42 所示，在"网络"文本框中输入"P10"为网络标号。

图 4-41　放置网络标号

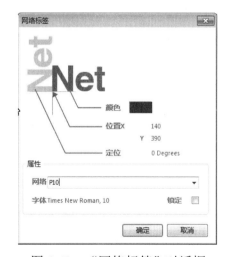

图 4-42　"网络标签"对话框

单击"确定"按钮后，移动带有网络标号的鼠标，依次在 U1 的 1～8 引脚端连续单击，就把 P10～P17 放置到了 8 只引脚的对接点上。P1 与 U1 引脚对接点的网络标号放置如图 4-43 所示。注意，每个网络标号都必须是在鼠标光标上显示出米字符时才单击进行放置。

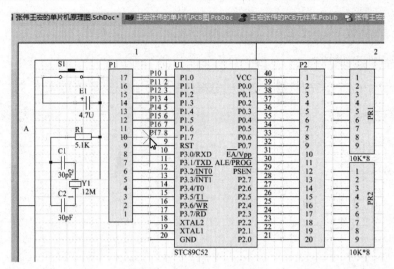

图 4-43　P1 与 U1 引脚对接点的网络标号放置

　　"P17"放置完成后按"Tab"键，修改网络标号，如图 4-44 所示，在弹出的"网络标签"对话框中，将"P18"改为"RST"并单击"确定"按钮，分别在 U1 的 9 引脚端和第 3 条导线下端单击，如图 4-45 所示，放置两个"RST"网络标号。放置完成后按"Tab"键，在弹出的"网络标签"对话框中，将"RST"修改为"P30"，单击"确定"按钮后，依次在 U1 的 10～17 引脚端单击。放置完成后按"Tab"键，将网络标号改为"X1"，单击"确定"按钮后依次在 U1 的 19、18 引脚端单击。放置完成后按"Tab"键，将网络标号改为"X1"，单击"确定"按钮后依次在 Y1 的下引脚端、上引脚端单击。放置完成后按"Tab"键，将网络标号改为"P00"，单击"确定"按钮后依次在 U1 的 39 到 32 引脚端单击。放置完成后按"Tab"键，将网络标号改为"P20"，单击"确定"按钮后依次在 U1 的 21～28 引脚端单击。放置完成后按"Tab"键，将网络标号改为"P00"，单击"确定"按钮后依次在 PR1 的 2～9 引脚端单击。放置完成后按"Tab"键，将网络标号改为"P20"，单击"确定"按钮后依次在 PR2 的 9 到 2 引脚端单击。最后，右击退出网络标号的放置状态。这就完成了单片机最小系统的全部网络标号放置，网络标号放置完成后的原理图如图 4-46 所示。

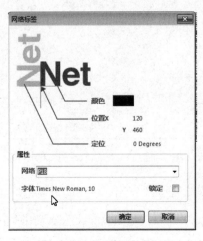

图 4-44　修改网络标号

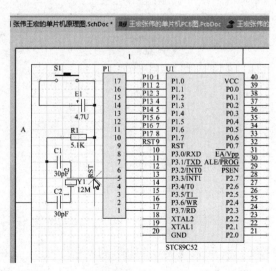

图 4-45　放置两个"RST"网络标号

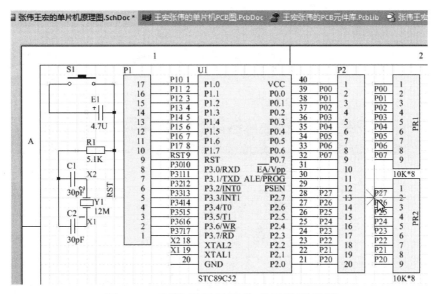

图 4-46　网络标号放置完成后的原理图

6.2.2.3　放置电源端口

如图 4-47 所示,单击工具栏上的"GND 端口"图标。

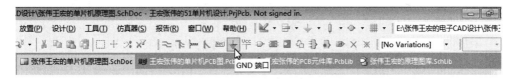

图 4-47　单击工具栏上的"GND 端口"图标

单击完成后移动光标中心,分别在 C2 左引脚端、U1 的 20 引脚端上单击,完成两个 GND 端口的放置,如图 4-48 所示,然后右击退出 GND 端口的放置状态。

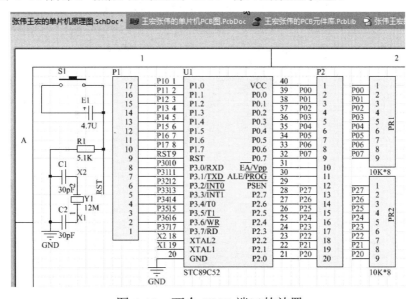

图 4-48　两个 GND 端口的放置

接下来,如图 4-49 所示,单击工具栏上的"VCC 电源端口"图标。

单击完成后分别在 S1 左引脚端,U1 的 40、31 引脚端,PR1 的 1 引脚端,PR2 的 1 引脚端单击,完成 5 个 VCC 电源端口的放置,如图 4-50 所示,然后右击退出 VCC 电源端口的放置状态。

图 4-49　单击工具栏上的"VCC 电源端口"图标

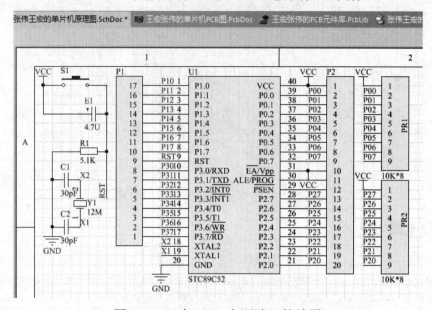

图 4-50　5 个 VCC 电源端口的放置

6.2.3　放置单片机最小系统的模块分隔线和模块名称

画非电气线，如图 4-51 所示，选择"放置"→"绘图工具"→"线"菜单命令。

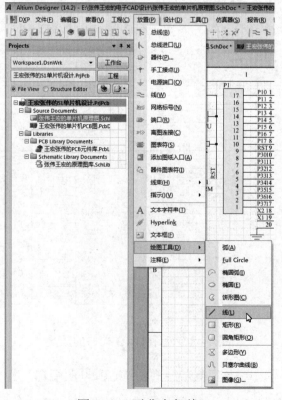

图 4-51　画非电气线

上述命令执行后，鼠标光标成十字状，画模块分隔线的起点，如图 4-52 所示，将鼠标光标中心移到坐标（20，500）上单击。

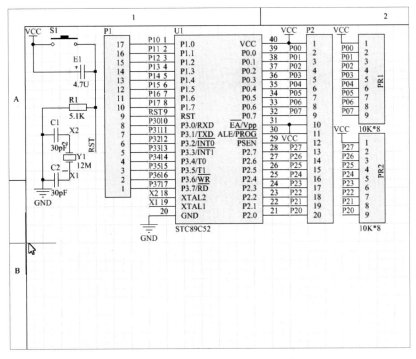

图 4-52 画模块分隔线的起点

然后，水平画直线到右边线，如图 4-53 所示，鼠标向右水平移动到图纸的右边界上双击鼠标。

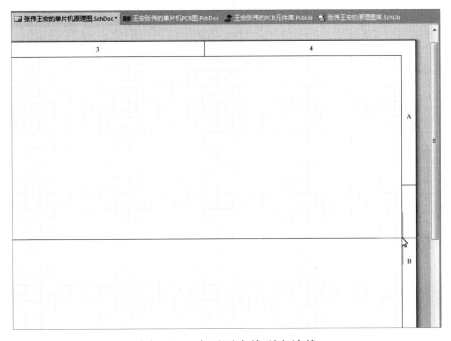

图 4-53 水平画直线到右边线

鼠标回到工作区左方，画分隔竖线，如图 4-54 所示，完成后右击退出画线状态。

放置文字标注，如图 4-55 所示，选择"放置"→"文本字符串"菜单命令。

上述命令执行后按"Tab"键，如图 4-56 所示，系统弹出"标注"对话框，在"文本"文本框中输入"51 单片机最小系统"。

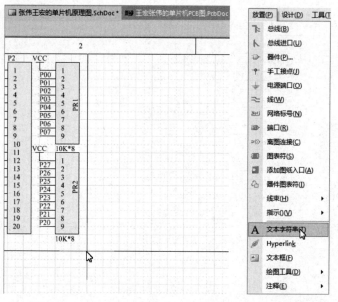

图 4-54　画分隔竖线　　　　图 4-55　放置文字标注　　　　图 4-56　"标注"对话框

单击"确定"按钮后，放置的文本字符串如图 4-57 所示，右击退出放置状态。

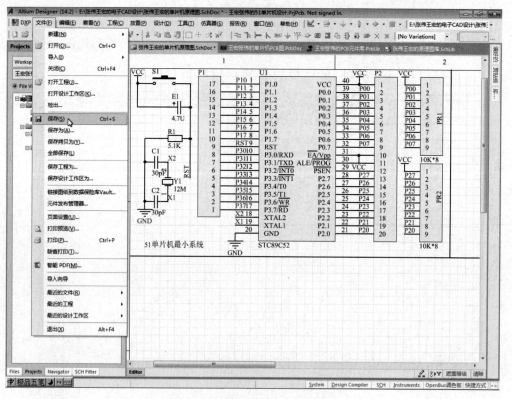

图 4-57　放置的文本字符串

到此，单片机最小系统绘图完成，选择"文件"→"保存"菜单命令，保存绘图作业。

任务7 布局单片机最小系统

7.1 处理"工程更改顺序"对话框和 ROM 元件盒

用原理图更新 PCB 图如图 4-58 所示,在原理图界面上选择"设计"→"Update PCB Document 王宏张伟的单片机 PCB 图.PcbDoc"菜单命令。

图 4-58 用原理图更新 PCB 图

上述命令执行后,系统弹出"工程更改顺序"对话框,首先,在"工程更改顺序"对话框中单击"执行更改"按钮,如图 4-59 所示。

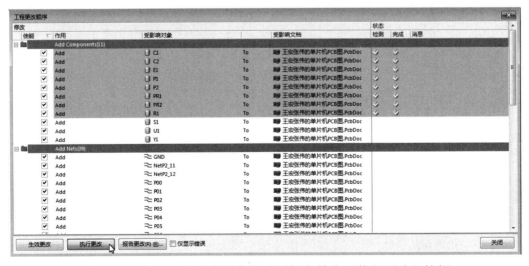

图 4-59 在"工程更改顺序"对话框中单击"执行更改"按钮

然后，如图 4-60 所示，单击"生效更改"按钮。

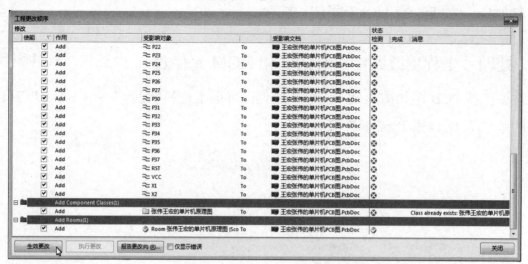

图 4-60　单击"生效更改"按钮

最后，单击"关闭"按钮。"工程更改顺序"对话框被关闭后，就完整显示出 PCB 图设计界面，单片机最小系统电路中的全部元件位于 PCB 绘图区右边的 ROM 元件盒中。进行元件布局前，需将 ROM 元件盒删除。删除 ROM 元件盒的操作如图 4-61 所示，选择"编辑"→"删除"菜单命令。

这时光标呈十字状，如图 4-62 所示，将光标中心移至 ROM 元件盒空白处单击。

图 4-61　删除 ROM 元件盒的操作

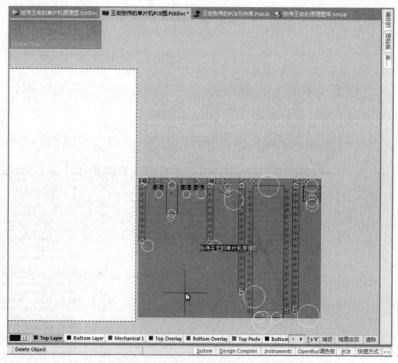

图 4-62　将光标中心移至 ROM 元件盒空白处单击

ROM 元件盒被删除后，PCB 和板外的待布局元件如图 4-63 所示。

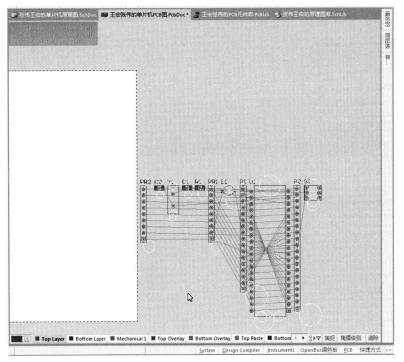

图 4-63 PCB 和板外的待布局元件

7.2 设置单片机电路板的尺寸

7.2.1 在 PCB 层中选取禁止布线层"Keep-Out Layer"

调出未显示出的 PCB 层如图 4-64 所示,将鼠标在绘图区下方 PCB 层标签栏的标签调节按钮上逐次单击,以显示出所需的禁止布线层"Keep-Out Layer"标签。单击选择禁止布线层"Keep-Out Layer"标签,如图 4-65 所示。

图 4-64 调出未显示出的 PCB 层

![Keep-Out Layer 标签栏]

图 4-65 单击选择禁止布线层"Keep-Out Layer"标签

7.2.2 用坐标法放置单片机 PCB 的上边线

在禁止布线层"Keep-Out Layer"层上画线,如图 4-66 所示,选择"放置"→"走线"菜单命令。

上述菜单命令执行后,层标签栏最左端已用颜色标示当前层为"Keep-Out Layer",将鼠标光标中心放在起点上单击,再右移到终点上双击,画出一条线段,然后右击退出画线状态。图 4-67 所示为在禁止布线层"Keep-Out Layer"层上画出线段。

双击所画线段,系统就弹出"轨迹"对话框,在"轨迹"对话框中用坐标值确定线段的位置和长度,如图 4-68 所示,将"开始"的"X"值改为"2980mil","Y"值改为"4945mil";将"结尾"的"X"值改为"6905mil","Y"值改为"4945mil",单击"确定"按钮。

图 4-66　画线操作

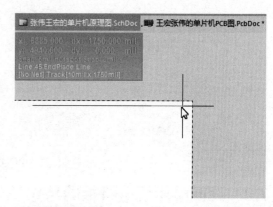

图 4-67　在禁止布线层"Keep-Out Layer"层上画出线段

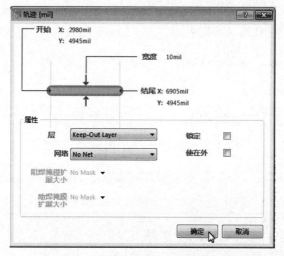

图 4-68　在"轨迹"对话框中用坐标值确定线段的位置和长度

7.2.3　画出单片机 PCB 的右边线、下边线和左边线

重新选择"放置"→"走线"菜单命令。先将鼠标光标中心放在上边线的右端点上单击，然后竖直向下移到点（6905，1025）上双击，画出电路板的右边线，如图 4-69 所示。鼠标水平向左移到点（2980，1025）上双击，画出电路板的下边线，如图 4-70 所示。竖直向上到点（2980，4945）上双击，画出电路板的左边线，如图 4-71 所示。电路板的右边线、下边线和左边线绘制完成后，右击退出画线状态。

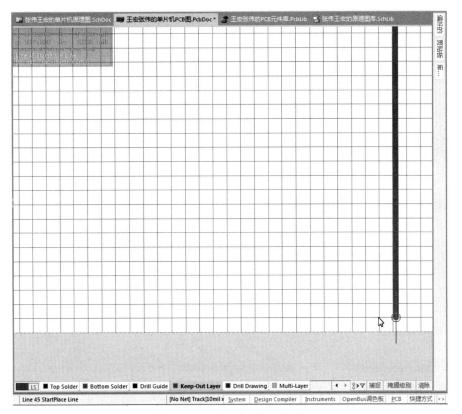

图 4-69　电路板的右边线

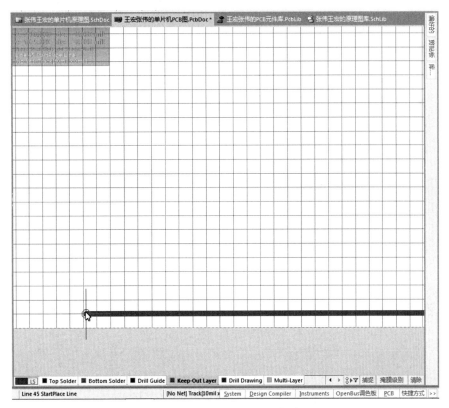

图 4-70　电路板的下边线

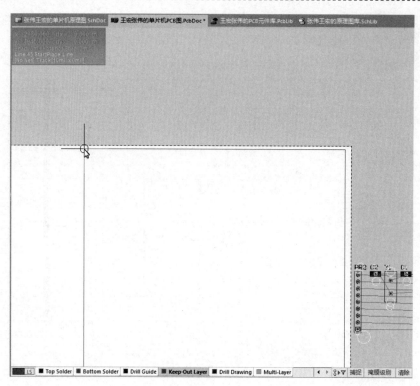

图 4-71　电路板的左边线

边线绘制完成后，还没有任何元件的空白 PCB 如图 4-72 所示，这就确定了电路板的大小，位于矩形外的元件不能实现电路连接，即所有元件都必须放在矩形内部。

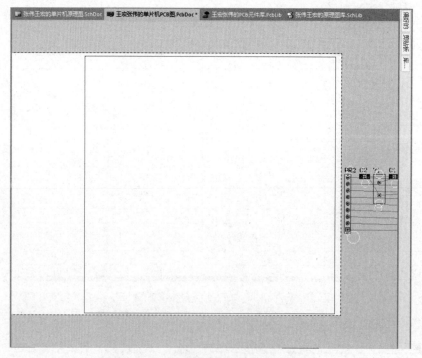

图 4-72　还没有任何元件的空白 PCB

7.3　给单片机 PCB 放置安装孔

7.3.1　设置安装孔大小

放置焊盘的操作如图 4-73 所示，选择"放置"→"焊盘"菜单命令。

按"Tab"键，弹出"焊盘"对话框，如图 4-74 所示，把"通孔尺寸""X-Size""Y-Size"三个值都改为"140mil"并单击"确定"按钮。

图 4-73　放置焊盘的操作

图 4-74　"焊盘"对话框

7.3.2　按指定坐标放置 6 个安装孔

将鼠标光标中心依次放在点（3085，4840）、（6805，4840）、（6805，1130）、（3085，1130）、（3085，1425）、（3085，3860）上单击，如图 4-75 所示，放置 6 个特殊焊盘作电路板的安装孔，放置完成后右击退出放置状态。

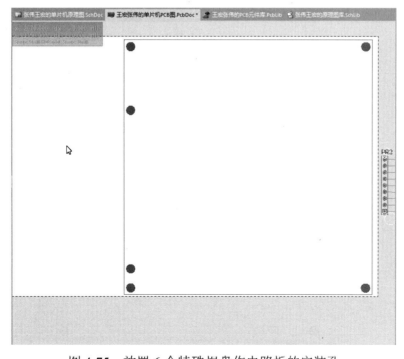

图 4-75　放置 6 个特殊焊盘作电路板的安装孔

7.4　测量单片机 PCB 的长和宽

按"Ctrl+M"组合键，使光标呈十字状。在测量的起点上单击，如图 4-76 所示。

然后将鼠标光标中心水平向右移到右边线上单击，系统弹出电路板长度的测量结果（99.568mm），如图 4-77 所示。

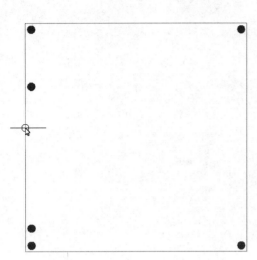

图 4-76　在测量的起点上单击

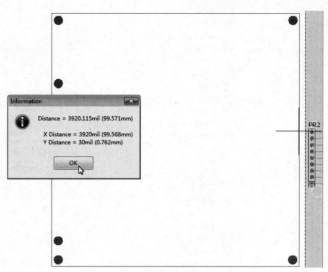

图 4-77　电路板长度的测量结果

单击"OK"按钮后，先将鼠标十字光标中心向上移到上边线上单击，再将光标中心竖直向下移到下边线上单击，系统弹出电路板宽度的测量结果（99.568mm），如图 4-78 所示。

用同样的方法，测量出 3 号安装孔与 5 号安装孔间的距离（69～70mm），如图 4-79 所示，单击"OK"按钮后，右击退出距离测量状态。

图 4-78　电路板宽度的测量结果

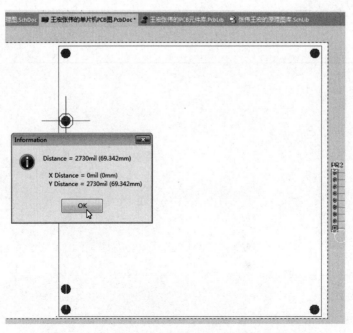

图 4-79　3 号安装孔与 5 号安装孔间的距离

7.5 布局单片机最小系统的组成元件

7.5.1 用坐标法布局 U1、P1、P2、PR1 和 PR2 元件

将鼠标光标移到 U1 上按下左键不放左移到电路板内，按两次空格键，将 U1 旋转 180°后放置，如图 4-80 所示。

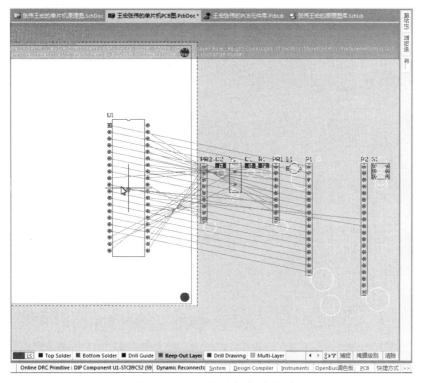

图 4-80 U1 放置在电路板内

双击 U1 元件，系统弹出"元件 U1"对话框，在其"元件属性"选区中做 3 点处理：①将"X 轴位置"设定为"6025mil"；②将"Y 轴位置"设定为"2050mil"；③勾选"锁定"复选框。图 4-81 所示为用"元件 U1"对话框精准定位 U1。

单击"确定"按钮后，双击 P1 元件，在弹出的"元件 P1"对话框的"元件属性"选区中同样做 3 点处理：①将"X 轴位置"设定为"5525mil"；②将"Y 轴位置"设定为"1535mil"；③勾选"锁定"复选框。

单击"确定"按钮后，将鼠标光标移到 P2 元件上按下左键不放，将 P2 元件移到 U1 右边时按两次空格键，松开左键后，双击 P2 元件，在弹出的"元件 P2"对话框的元件属性选区中也同样做 3 点处理：①将"X 轴位置"设定为"6525mil"；②将"Y 轴位置"设定为"3135mil"；③勾选"锁定"复选框。单击"确定"按钮。

U1、P1 和 P2 精准布局后的电路板如图 4-82 所示。

接下来将 PR2 元件移到 P2 元件右边并旋转 180°布局，再将 PR1 元件移到 P2 元件右边且 PR2 元件上方并旋转 180°放置。图 4-83 所示为 PR2、PR1 的初步放置。

图 4-81 用"元件 U1"对话框精准定位 U1

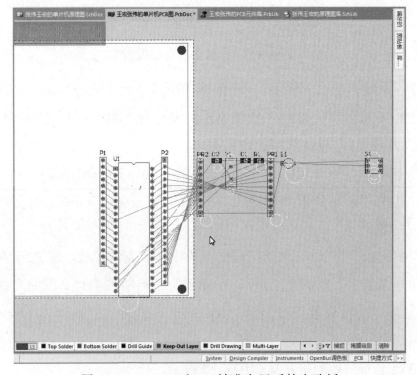

图 4-82 U1、P1 和 P2 精准布局后的电路板

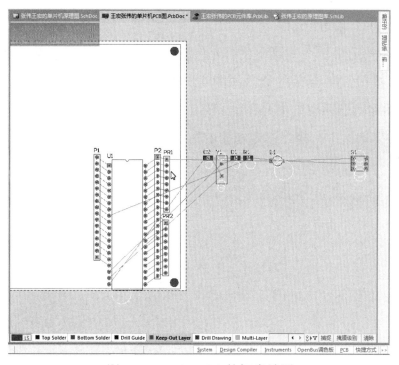

图 4-83 PR2、PR1 的初步放置

重复上述方法，双击 PR2 元件，将其定位在（X：6635mil，Y：3360mil）上锁定布局；双击 PR1 元件，将其定位在（X：6635mil，Y：2440mil）上锁定布局。

7.5.2 布局 Y1、C1 和 C2 元件

先将 Y1 元件移到电路板内，注意应是 Y1 元件的上焊盘与 U1 元件的 18 号焊盘飞线（预拉线）连接，再将元件 C1 和 C2 移到电路板内布局。图 4-84 所示为元件 U1、P1、P2、PR2、PR1、Y1、C1、C2 的布局。

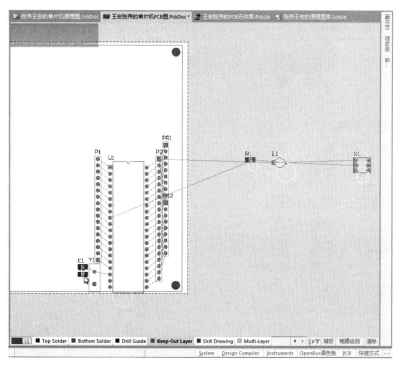

图 4-84 元件 U1、P1、P2、PR2、PR1、Y1、C1、C2 的布局

7.5.3　布局 E1、R1 和 S1 元件

双击 E1 元件，在"元件 E1"对话框的"元件属性"选区中，将"锁定原始的"复选框的勾选去掉并单击"确定"按钮。E1 封装的修改如图 4-85 所示，先将 E1 的两个焊盘向中心移动（减小两焊盘的间距），然后将两圆弧也向中心移动。E1 封装的修改完成后，双击 E1 封装，在"元件 E1"对话框的"元件属性"选区中，将"锁定原始的"复选框的勾选恢复并单击"确定"按钮。

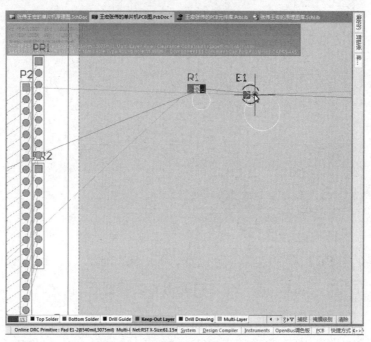

图 4-85　E1 封装的修改

接下来将元件 E1、R1、S1 移到电路板内布局并保存，单片机最小系统的组成元件的布局结果如图 4-86 所示。

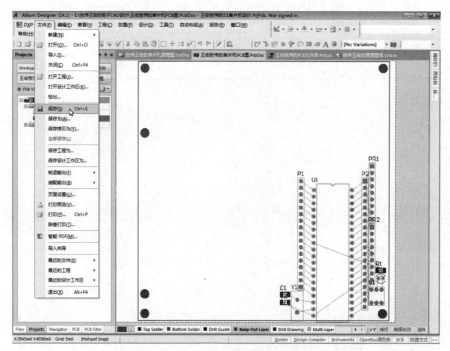

图 4-86　单片机最小系统的组成元件的布局结果

任务 8　绘制和布局数码管模块

8.1　绘制数码管模块

8.1.1　放置数码管模块的组成元件

8.1.1.1　放置 LEDS 元件

进入原理图设计界面，展开"库"面板，如图 4-87 所示，在"元件名称"选区中选择"LEDS"选项。单击"Place LEDS"按钮后按"Tab"键，在弹出的元件属性对话框中进行属性设置：①将标识命名为"LEDS"；②不显示注释；③添加如图 4-88 所示的工程中 PCB 元件库的 LEDSPCB 封装。

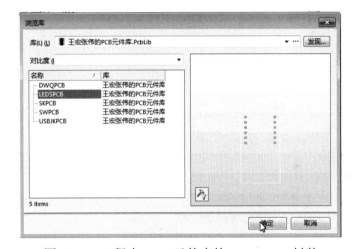

图 4-87　选取"LEDS"元件　　　　　图 4-88　工程中 PCB 元件库的 LEDSPCB 封装

元件属性设置完成后，如图 4-89 所示，将 LEDS 元件的 11 引脚定位在点（505，605）上并单击完成放置。

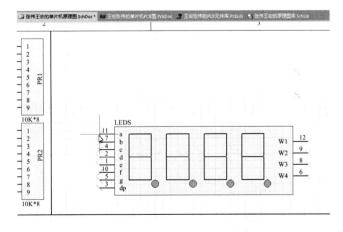

图 4-89　将 LEDS 元件的 11 引脚定位在点（505，605）上

放置完成后右击退出放置状态。

8.1.1.2 放置 Q1～Q4 元件

展开"库"面板，如图 4-90 所示，在基本元件库中选取 PNP 三极管，单击"Place 2N3906"按钮后按"Tab"键，在弹出的元件属性对话框中进行属性设置：①将标识命名为"Q1"；②显示注释为"2TY"；③添加"SOT 23.PcbLib"库中的"SO-G3/E4.6"封装，如图 4-91 所示。

图 4-90 在基本元件库中选择 PNP 三极管

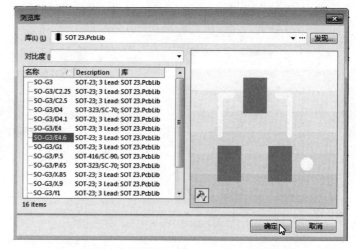

图 4-91 添加"SO-G3/E4.6"封装

元件属性设置完成后，如图 4-92 所示，连续放置 Q1～Q4 元件。放置完成后右击退出放置状态。

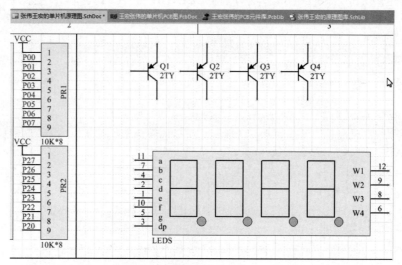

图 4-92 连续放置 Q1～Q4 元件

8.1.1.3 放置 R2～R13 元件

展开"库"面板，在"元件名称"选区中选择"Res2"选项（见图 4-35），单击"Place Res2"按钮后按"Tab"键，在弹出的元件属性对话框中进行属性设置：①将标识命名为"R2"；②不显示注释；③"Value"取默认值；④添加"C1206"封装。元件属性设置完成后，将 R2～R9 元件的右引脚与 LEDS 元件的 8 只引脚依次对接，显示米字符时放置，然后按"Tab"键，在弹出的元件属性对话框中，仅将"Value"值改为 5.1K 并单击"OK"按钮。将 R10～R13 元件的上引脚依次与 Q1～Q4 元件的基极对接放置，完成后右击退出放置状态。图 4-93 所示为放置完成后的数码管模块组成元件。

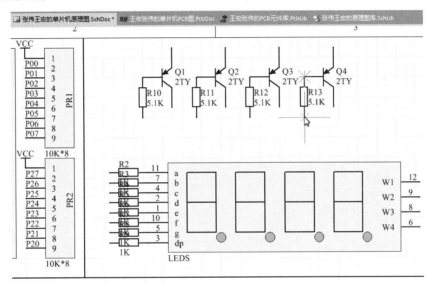

图 4-93 放置完成后的数码管模块组成元件

先将鼠标光标移到 R2 元件的标识名"R2"上按下左键不放，然后移到其右引脚上方时松开，再同样地处理 R3～R9，依次把各 R 元件的标称值"1K"移到元件体内。R2～R9 的元件标识及标称值示数的规范结果如图 4-94 所示。

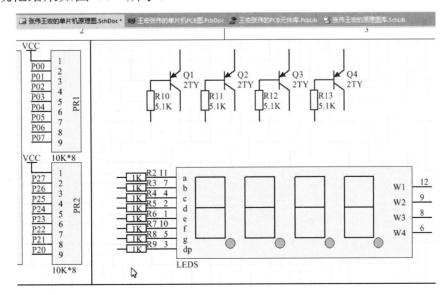

图 4-94 R2～R9 的元件标识及标称值示数的规范结果

8.1.2 放置数码管模块的连接导线

单击工具栏上的"放置线"图标，用导线进行电路连接，如图 4-95 所示，将鼠标光标中心移到 LEDS 元件的 12 引脚端，当出现红色米字符时单击，然后向上移动到图 4-95 所示的直角点处单击，再左移鼠标光标中心与 Q1 元件的集电极对齐后单击，然后光标中心向上移至 Q1 元件的集电极端，当出现红色米字符时单击，这就完成了第 1 条导线的绘制。将光标中心移动至 LEDS 元件的 9 引脚端，当出现红色米字符时单击并向右移动 1 格，光标中心再向上移到拐角处单击，然后向左移动到光标中心与 Q2 元件的集电极对齐时单击，再向上移动到 Q2 元件的集电极端，当出现红色米字符时单击，这就完成了第 2 条导线的绘制。用同样的方法完成第 3、第 4 条导线的绘制，然后右击退出放置状态。

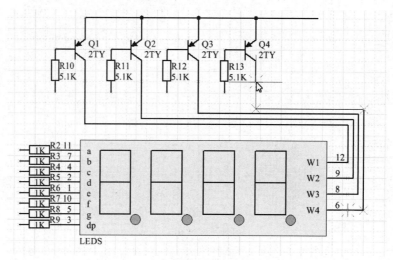

图 4-95　用导线进行电路连接

8.1.3 放置数码管模块的网络标号和电源端口

选择"放置"→"网络标号"菜单命令，再按"Tab"键，在弹出的"网络标签"对话框中将"网络"命名为"P00"，单击"确定"按钮后，将"P00"～"P08"依次在 R2～R9 元件的左引脚端对接放置。然后按"Tab"键，在"网络标签"对话框中将"网络"名修改为"P20"，将"P20"～"P23"依次在 R10～R13 元件的下引脚端对接放置，然后右击退出放置状态。

单击工具栏上的"VCC 电源端口"图标后，放置 1 个 VCC 电源端口。然后右击退出放置状态。

8.1.4 放置模块间的分界线和数码管模块的名称

选择"放置"→"绘图工具"→"线"菜单命令，先将鼠标光标中心放在上边界线上单击，再竖直向下移到下边界线上单击，然后右击退出放置状态。

接下来，选择"放置"→"文本字符串"菜单命令，再按"Tab"键，弹出"标注"对话框，在"文本"文本框中输入"数码管模块"，单击"确定"按钮后放置模块名称，然后右击退出放置状态。

绘制完成的数码管模块电路如图 4-96 所示，将绘制结果进行保存。

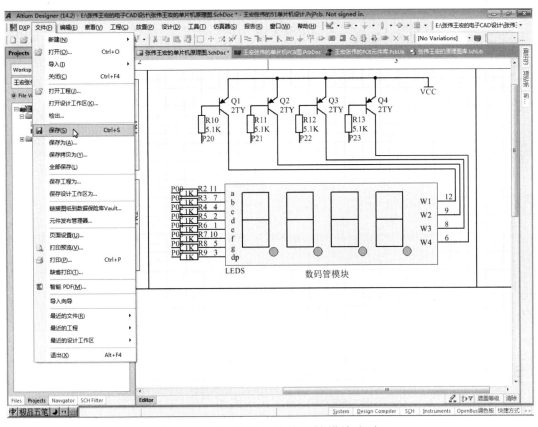

图 4-96 绘制完成的数码管模块电路

8.2 布局数码管模块

8.2.1 处理"工程更改顺序"对话框和 ROM 元件盒

用更新后的原理图更新 PCB 图，如图 4-97 所示，选择"设计"→"Update PCB Document 王宏张伟的单片机 PCB 图.PcbDoc"菜单命令。

图 4-97 用更新后的原理图更新 PCB 图

上述命令执行后，系统弹出"工程更改顺序"对话框，如图 4-98 所示，单击"执行更改"按钮。

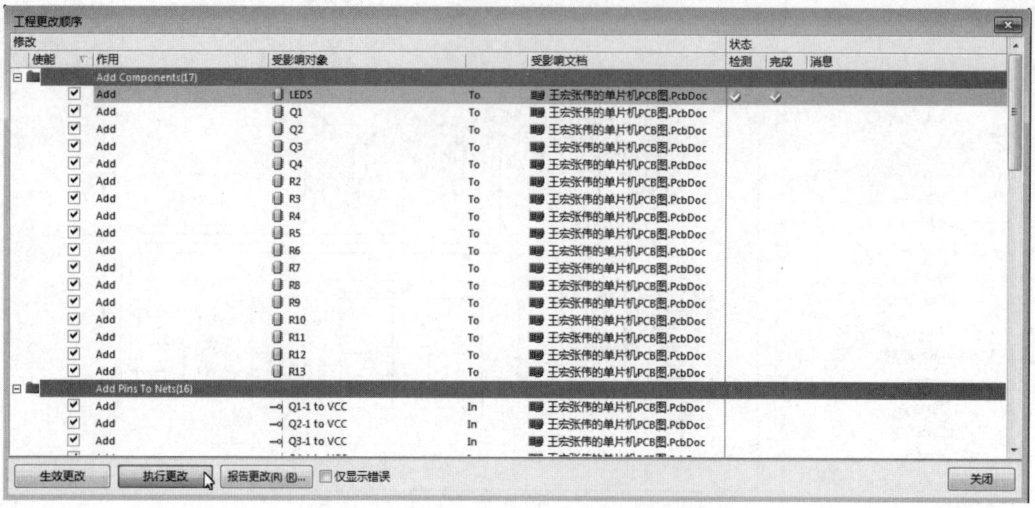

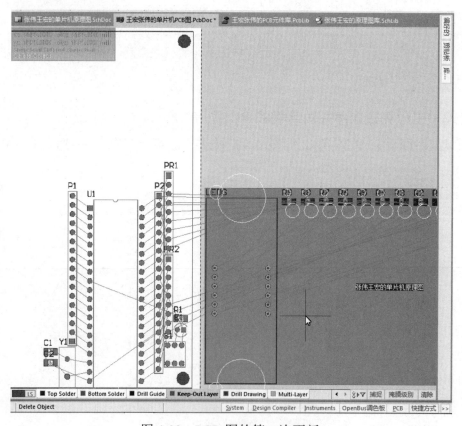

图 4-98　"工程更改顺序"对话框

然后单击"生效更改"按钮，最后单击"关闭"按钮，界面切换为 PCB 图设计界面，图 4-99 所示为 PCB 图的第二次更新。

图 4-99　PCB 图的第二次更新

可以看到，最小系统所有 PCB 元件在 PCB 上的布局没有变化，新增数码管模块的所有 PCB 元件都在 PCB 右边外面的 ROM 元件盒中。选择"编辑"→"删除"菜单命令，将鼠标光标中心移到 ROM 元件盒空白处单击。再右击退出删除状态。

8.2.2 布局数码管模块的组成元件

8.2.2.1 用坐标法精准布局 LEDS 元件

将 LEDS 元件移到电路板内，旋转 90°后初步放置（其 1 号焊盘应位于下排最左端），LEDS 封装的大致布局（只要求焊盘左下角为 1 号焊盘）如图 4-100 所示。

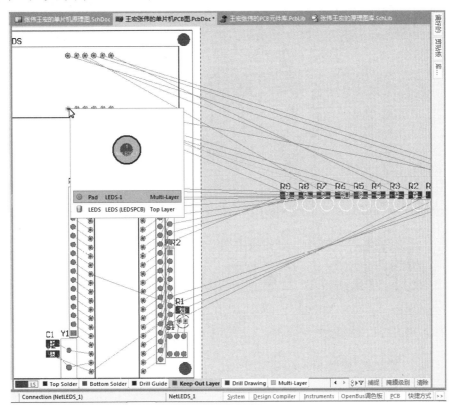

图 4-100 LEDS 封装的大致布局

接下来双击 LEDS 封装，在弹出的"元件 LEDS"对话框中进行 3 点设置：①将"X 轴位置"改为"5510mil"；②将"Y 轴位置"改为"4040mil"；③勾选"锁定"复选框。单击"确定"按钮。

8.2.2.2 布局 R2～R9 元件

将图 4-100 中的 R2～R9 元件各自旋转 90°后紧临接排列并用鼠标框选。R2～R9 元件的鼠标框选如图 4-101 所示。

R2～R9 元件被框选后，对 8 个元件进行顶对齐操作，如图 4-102 所示，选择"编辑"→"对齐"→"顶对齐"菜单命令。

顶对齐菜单命令执行后，对 8 个元件进行水平分布操作，如图 4-103 所示，选择"编辑"→"对齐"→"水平分布"菜单命令。

水平分布菜单命令执行后，将鼠标光标移到被选中的 8 个元件上，当光标变成移动标记时，将这 8 个元件移动到 LEDS 封装内并旋转 180°（让 R2 居左，R9 居右）后放置，如图 4-104 所示。

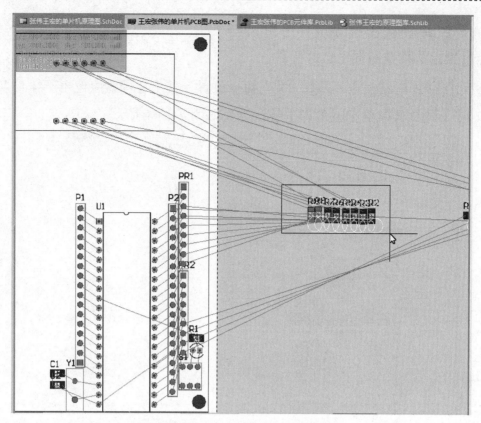

图 4-101 R2～R9 元件的鼠标框选

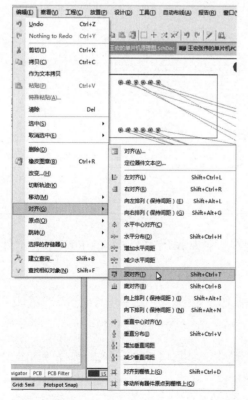

图 4-102 对 8 个元件进行顶对齐操作

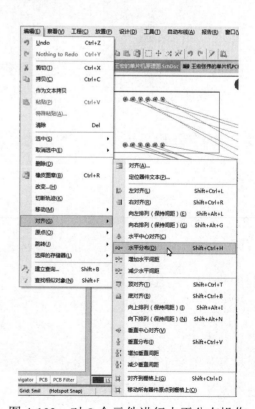

图 4-103 对 8 个元件进行水平分布操作

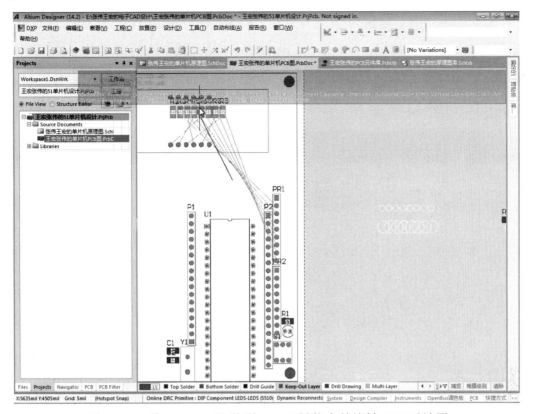

图 4-104　将 R2～R9 移动到 LEDS 封装内并旋转 180°后放置

8.2.2.3　布局 Q1～Q4 元件

用鼠标移动 Q1～Q4 元件，减小间隔，用鼠标框选后，用前面的方法进行顶对齐和水平分布操作，然后如图 4-105 所示，将 Q1～Q4 元件移动到 LEDS 封装内旋转后放置。

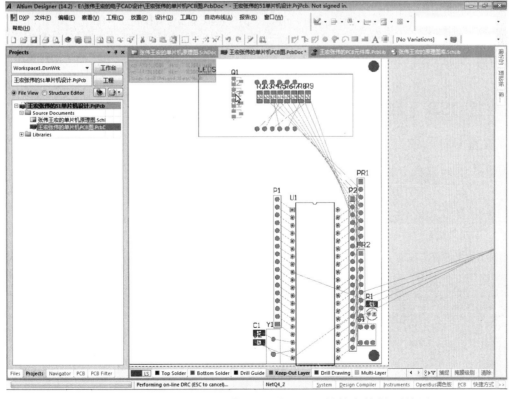

图 4-105　将 Q1～Q4 元件移动到 LEDS 封装内旋转后放置

8.2.2.4 布局 R10～R13 元件

将 R10～R13 元件各旋转 90°，再减小间隔，用前面的方法，对这 4 个元件进行顶对齐和水平分布操作，然后将 4 个元件移动到 LEDS 封装内旋转 270°后放置并进行保存。数码管模块布局完成后的 PCB 图如图 4-106 所示。

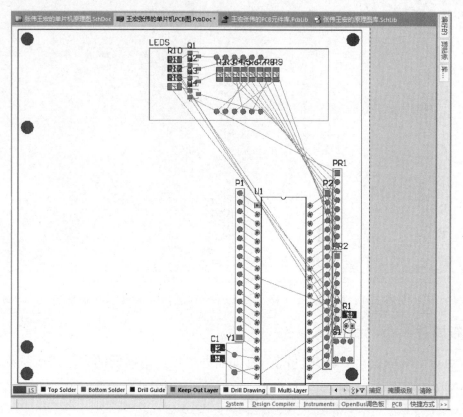

图 4-106　数码管模块布局完成后的 PCB 图

用微课学·任务 9

任务 9　绘制 USB 下载及供电模块

9.1　放置 USB 下载及供电模块的组成元件

9.1.1　放置 U2 元件

进入原理图设计界面，如图 4-107 所示，在"库"面板的"元件名称"选区中选择"CH340G"选项。

单击"Place CH340G"按钮后，按"Tab"键，在弹出的元件属性对话框中进行属性设置：①将标识命名为"U2"；②注释显示为"CH340G"；③如图 4-108 所示，添加"SOP16"封装。

元件属性设置完成后，如图 4-109 所示，将 U2 元件的 1 引脚定位在点（240，460）上放置。

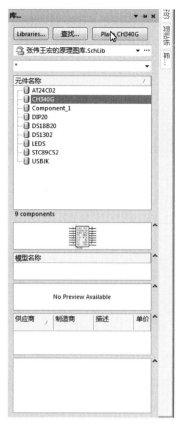

图 4-107　选 CH340G 元件

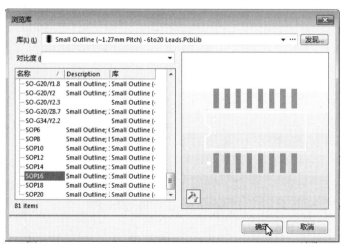

图 4-108　添加"SOP16"封装

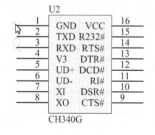

图 4-109　将 U2 元件的 1 引脚定位在
点（240，460）上放置

9.1.2　放置 USBJK 元件

右击退出放置状态，展开"库"面板，如图 4-110 所示，选择"USBJK"选项。

单击"Place USBJK"按钮后，按"Tab"键，在弹出的元件属性对话框中进行属性设置：①将标识命名为"USBJK"；②注释显示为"USBJK"；③如图 4-111 所示，添加"USBJKPCB"封装。

元件属性设置完成后，如图 4-112 所示，将 USBJK 元件的 1 引脚定位在点（130，300）上放置。

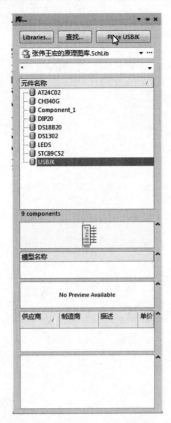

图 4-110 选择"USBJK"选项

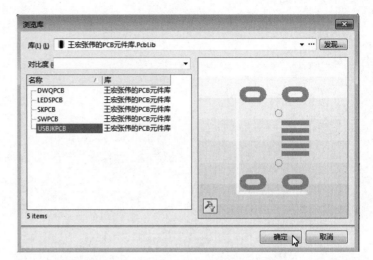

图 4-111 添加"USBJKPCB"封装

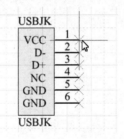

图 4-112 将 USBJK 元件的 1 引脚定位在点（130，300）上放置

9.1.3 放置 VCC 元件和 GND 元件

右击退出放置状态，展开"库"面板，从"元件名称"选区中选择"Header 8"选项，单击
"Place Header 8"按钮后按"Tab"键，在弹出的元件属性对话框中进行属性设置：①将标识命名
为"VCC"；②不显示注释；③不添加封装。

元件属性设置完成后，将 VCC 元件的 1 引脚定位在点（30，480）上放置，放置后按"Tab"
键，在弹出的元件属性对话框中将标识修改为"GND"后，单击"OK"按钮，再将 GND 元件放
置在 VCC 元件右边并进行顶对齐处理。

9.1.4 放置自恢复保险电阻 RT

右击退出放置状态，展开"库"面板，如图 4-113 所示，选择"Res Thermal"选项，单击"Place
Res Thermal"按钮后按"Tab"键，在弹出的元件属性对话框中进行属性设置：①将标识命名为
"RT"；②不显示注释；③不添加封装。元件属性设置完成后，参照后面的所有元件放置完成图片
上的位置放置元件。

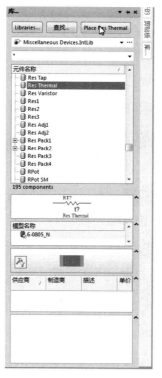

图 4-113　选择"Res Thermal"选项

9.1.5　放置电源按键开关 K

展开"库"面板，如图 4-114 所示，选择"SW-SPST"选项，单击"Place SW-SPST"按钮后按"Tab"键，在弹出的元件属性对话框中进行属性设置：①将标识命名为"K"；②不显示注释；③如图 4-115 所示，添加"SKPCB"封装。元件属性设置完成后，参照后面的所有元件放置完成图片上的位置放置元件。

图 4-114　选择"SW-SPST"选项

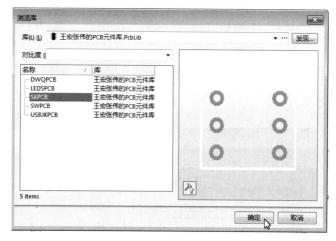

图 4-115　添加"SKPCB"封装

9.1.6　放置晶振 Y2

放置 Y2 元件的步骤与任务 7 中放置 Y1 元件的步骤完全相同。展开"库"面板，选择"XTAL"选项，单击"Place XTAL"按钮后按"Tab"键，在弹出的元件属性对话框中进行属性设置：①将标识命名为"Y2"；②显示注释为"12M"；③添加"BCY-W2/E4.7"封装。元件属性设置完成后，参照后面的所有元件放置完成图片上的位置放置元件。放置完成后右击退出放置状态。

9.1.7　放置电容 C3～C6 和 E2 元件

放置电容的步骤与任务 7 中放置电容的步骤基本相同。展开"库"面板，选择"Cap"选项，单击"Place Cap"按钮后按"Tab"键，在弹出的元件属性对话框中进行属性设置：①将标识命名为"C3"；②不显示注释；③标称值改为 20pF；④添加"C1206"封装。元件属性设置完成后，参照后面的所有元件放置完成图片上的位置放置 C3、C4 元件后按"Tab"键，在弹出的元件属性对话框中，将标称值改为 0.1U 并单击"OK"按钮。然后参照后面的所有元件放置完成图片上的位置进行 C5、C6 的放置，放置完成后右击退出放置状态。

展开"库"面板，选择"Cap Pol1"选项，单击"Place Cap Poll"按钮后按"Tab"键，在弹出的元件属性对话框中进行属性设置：①将标识命名为"E2"；②不显示注释；③标称值改为 470U；④添加"CAPR5-4×5"封装。元件属性设置完成后，参照后面的所有元件放置完成图片上的位置放置 E2 元件，放置完成后右击退出放置状态。

9.1.8　放置二极管 D1～D3

展开"库"面板，如图 4-116 所示，选择"Diode 11DQ03"选项，单击"Place Diode 11DQ03"按钮后按"Tab"键，在弹出的元件属性对话框中进行属性设置：①将标识命名为"D1"；②显示注释为"SS14"；③如图 4-117 所示，添加"5025[2010]"封装。元件属性设置完成后，参照后面的所有元件放置完成图片上的位置放置 D1 元件，放置完成后右击退出放置状态。

展开"库"面板，如图 4-118 所示，选择"LED0"选项，单击"Place LED0"按钮后按"Tab"键，在弹出的元件属性对话框中进行属性设置：①将标识命名为"D2"；②不显示注释；③添加"C1206"封装。元件属性设置完成后，参照图 4-119 所示位置分别放置 D2 元件和 D3 元件，放置完成后右击退出放置状态。

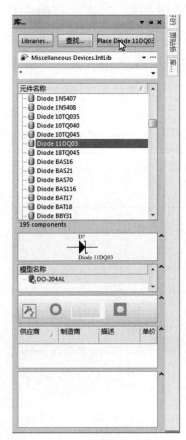

图 4-116　从基本元件库中选取"Diode 11DQ03"元件

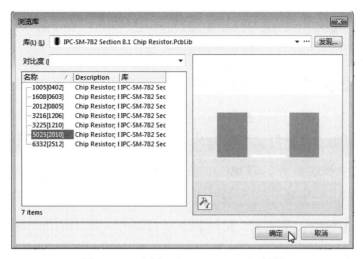

图 4-117　添加 "5025[2010]" 封装

9.1.9　放置 R14～R16 元件

展开 "库" 面板，选择 "Res2" 选项，单击 "Place Res2" 按钮后按 "Tab" 键，在弹出的元件属性对话框中进行属性设置：①将标识命名为 "R14"；②不显示注释；③用默认标称值；④添加 "C1206" 封装。元件属性设置完成后，参照图 4-119 所示位置放置元件。然后按 "Tab" 键，将标称值改为 10K 并单击 "OK" 按钮，按图 4-119 所示位置放置 R15 和 R16 元件。放置完成后右击退出放置状态。

到此，如图 4-119 所示，USB 下载及供电模块的所有元件放置完成。

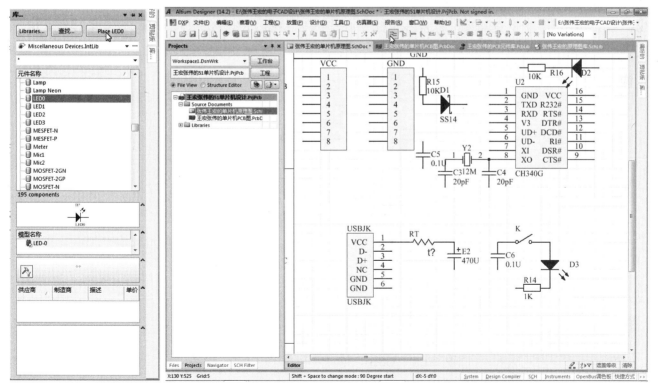

图 4-118　选择 "LED0"
　　　　　选项

图 4-119　USB 下载及供电模块的所有元件放置完成

9.2 为 USB 下载及供电模块放置导线、电源端口、网络标号

9.2.1 放置导线

单击"放置线"工具图标，单击 VCC 元件的 1 引脚端，然后单击 8 引脚端，画出第 1 条导线。单击 GND 元件的 1 引脚端，然后单击 8 引脚端，画出第 2 条导线。单击 D1 元件的负引脚端，然后单击 U2 元件的 2 引脚端，画出第 3 条导线。单击 D1 元件的负引脚端，光标中心向上移到拐角点（与 R16 元件的左引脚端对齐）时单击，然后单击 R16 元件的左引脚端，画出第 4 条导线。单击 U2 元件的 4 引脚端，光标中心向左移到与 C5 元件的上引脚对齐时，向下移到 C5 元件的上引脚端单击，画出第 5 条导线。单击 C5 元件的下引脚端，光标中心向下移到拐角点（与 C3 元件的下引脚端对齐）时再向右移到 C4 元件（在 C3 元件上不要单击）的下引脚端单击，画出第 6 条导线。单击 U2 元件的 7 引脚端，光标中心向左移到拐角点（与 C3 元件的上引脚端对齐）时再向下移到 C3 元件的上引脚端单击，画出第 7 条导线。单击 RT 元件与 E2 元件的对接点，然后单击 C6 元件与 K 元件的对接点，画出第 8 条导线。单击 C6 元件与 K 元件的对接点，光标中心向上移到拐角点上单击后，将光标中心向右移到与 D2 元件的右引脚端对齐时单击，再将光标中心上移到 D2 元件的右引脚端单击，画出第 9 条导线。单击 U2 元件的 16 引脚端，然后将光标中心右移到第 9 条导线上单击，画出第 10 条导线。单击 R14 元件的左引脚端，然后单击 USBJK 元件的 6 引脚端，画出第 11 条导线。单击 USBJK 元件的 5 引脚端，然后单击 USBJK 元件的 6 引脚端，画出第 12 条导线。单击 E2 元件的下引脚端，然后将光标中心移到第 11 条导线上单击，画出第 13 条导线。单击 C6 元件的下引脚端，然后将光标中心移到第 11 条导线上单击，画出第 14 条导线。14 条导线放置完成后，USB 下载及供电模块的导线连接如图 4-120 所示。

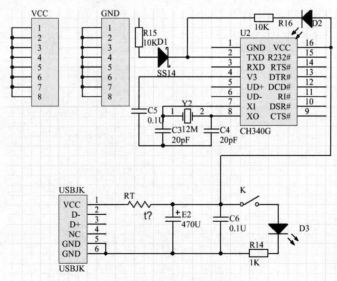

图 4-120　USB 下载及供电模块的导线连接

9.2.2 放置电源端口和网络标号

单击工具栏上的"VCC 电源端口"图标后，用带有"VCC 电源端口"的光标单击 VCC 元件的 1 引脚端，旋转后再单击 R15 元件的上引脚端，再旋转后单击 D3 元件的上引脚端完成该电源

端口的放置，放置完成后右击退出放置状态。

单击工具栏上的"GND 电源端口"图标后，用带有"GND 电源端口"的光标单击 GND 元件的 8 引脚端，再单击 USBJK 元件的 6 引脚端，再单击 C5 元件的下引脚端，旋转后再单击 U2 元件的 1 引脚端完成该电源端口的放置，放置完成后右击退出放置状态。

选择"放置"→"网络标号"菜单命令，按"Tab"键，在弹出的"网络标签"对话框中，将网络标号修改为"P30"，修改完成后单击 R15 元件与 D1 元件的对接点，再单击 U2 元件的 3 引脚端完成该网络标号的放置。紧接着按"Tab"键，将网络标号修改为"UD+"，修改完成后单击 USBJK 元件的 3 引脚端，再单击 U2 元件的 5 引脚端完成该网络标号的放置。再按"Tab"键，将网络标号修改为"UD-"，修改完成后单击 U2 元件的 6 引脚端，再单击 USBJK 元件的 2 引脚端完成该网络标号的放置。放置完成后右击退出放置状态。

9.2.3 放置模块间的分隔线和 USB 下载及供电模块的名称

选择"放置"→"绘图工具"→"线"菜单命令，将鼠标光标中心放在点（20，220）上单击，然后光标中心向右水平移到（1135，220）点上单击画出水平分隔线。右击退出放置状态后，光标中心向左回到模块右边，在点（370，500）上单击，再向下移到所画的水平分隔线上单击，画出竖分隔线。两条分隔线放置完成后右击退出放置状态。

选择"放置"→"文本字符串"菜单命令，按"Tab"键，在弹出的对话框中将文本修改为"USB 下载及供电模块"，单击"确定"按钮后将其放置到相应位置，放置完成后右击退出放置状态。

绘制完成的 USB 下载及供电模块电路如图 4-121 所示。

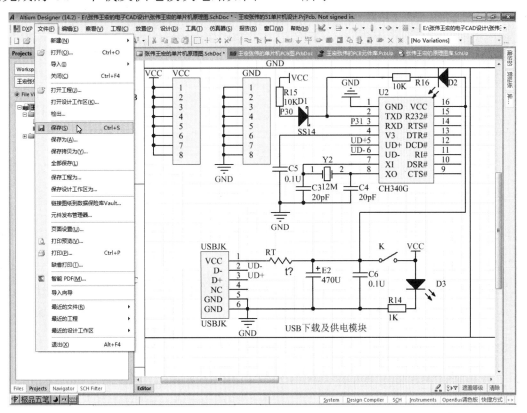

图 4-121　绘制完成的 USB 下载及供电模块电路

任务 10　布局 USB 下载及供电模块

10.1　处理"工程更改顺序"对话框和 ROM 元件盒

在原理图设计界面上，先选择"设计"→"Update PCB Document 王宏张伟的单片机 PCB 图.PcbDoc"菜单命令，然后在系统弹出的"工程更改顺序"对话框中，依次单击"执行更改"→"生效更改"→"关闭"按钮。在 PCB 图设计界面上，删除 ROM 元件盒，选择"编辑"→"删除"菜单命令，如图 4-122 所示，将鼠标光标中心放在 PCB 右边 ROM 元件盒中的空白处单击，则 ROM 元件盒被删除。

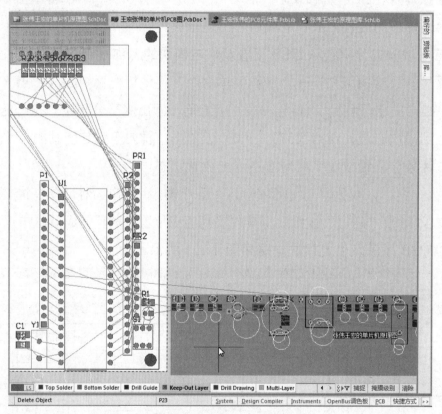

图 4-122　删除 ROM 元件盒

10.2　布局 USB 下载及供电模块中的所有元件

在 PCB 图中，布局 USB 下载及供电模块中的 PCB 元件，如图 4-123 所示。

USB 下载及供电模块中的 PCB 元件布局的参考顺序：①光标移到 USBJK 元件上按下鼠标左键不放，然后向所示位置移动并按两次空格键旋转 180°后放置（注意其上边线与安装孔应有 50mil 的间距，其右边线可贴近电路板右边界）。②光标移到 RT 元件上按下鼠标左键不放，然后向所示位置移动并按空格键旋转 90°后放置（RT 元件上端应和 USBJK 元件有飞线连接）。③移动 E2 元件到 USBJK 元件下方（边线距为 65mil）放置。④移动 K 元件并按两次空格键旋转 180°后到 E2 元件下方（边线距为 65mil）放置。⑤移动 D3 元件并按两次空格键旋转 180°后到 LEDS 元件下方、K 元件左边放置。⑥移动 R14 元件到 LEDS 元件下方、D3 元件左边放置。⑦移动 D2 元件并按两次空格键旋转 180°后到 LEDS 元件下方、R14 元件左边放置。⑧移动 R16 元件并按两次空格键旋转 180°后到 LEDS 元件下方、D2 元件左边放置。⑨移动 Y2 元件并按两次空格键旋转 180°后到 K 元件下方、PR1 元件右边放置。⑩移动 C3 元件到 K 元件下方、Y2 元件左边放置。⑪移动 C4 元件到 C3 元件下方、Y2 元件左边放置。⑫移动 U2 元件到 R14 元件下方、C3 元件左边放置。⑬移动 C6 元件到 D2 元件下方、U2 元件左边放置。⑭移动 C5 元件到 C6 元件下方、U2 元件左边放置。⑮移动 D1 元件并旋转 270°后到 C5 元件下方、U2 元件左边放置。⑯移动 R15 元件并按两次空格键旋转 180°后到 D1 元件左边放置。⑰双击 VCC 元件，在弹出的"元件 VCC"对话框中，将 X 位置设为 3400，Y 位置设为 3770，勾选"锁定"复选框后单击"确定"按钮。⑱双击 GND 元件，在弹出的"元件 GND"对话框中，将"X 轴位置"设为"3275mil"，"Y 轴位置"设为"3770mil"，勾选"锁定"复选框后单击"确定"按钮。

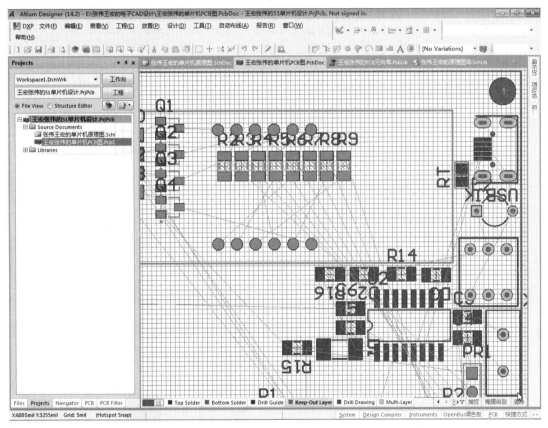

图 4-123　布局 USB 下载及供电模块中的 PCB 元件

USB 下载及供电模块的所有元件布局基本完成后，要检查各元件的放置方向，以便于后期 PCB 图的布线。D3 元件的 1 号焊盘（网络标号为 VCC）应为其右焊盘，以便于与右方的 VCC 电源布线；R14 元件的 2 号焊盘应为其右焊盘，以便于与 D3 元件的 2 号焊盘布线。图 4-124 所示为 R14 元件与 D3 元件相邻焊盘的网络属性都为"NetD3_2"。

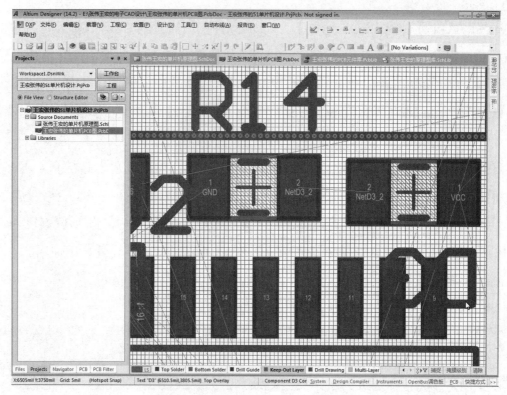

图 4-124　R14 元件与 D3 元件相邻焊盘的网络属性都为"NetD3_2"

同理，图 4-125 所示为 C5、C6、D1 元件的水平放置方向。C5、C6 元件的左焊盘都为"GND"，以便于 PCB 图后期的布线；C5 元件在 C6 元件下方，以便于其右焊盘（网络属性为 NetC5_2）与 U2 元件的 4 号焊盘（网络属性也为 NetC5_2）间的布线；D1 元件的左焊盘与 R15 元件的右焊盘的网络标号都是"P30"，也是为了便于 PCB 图后期的布线。

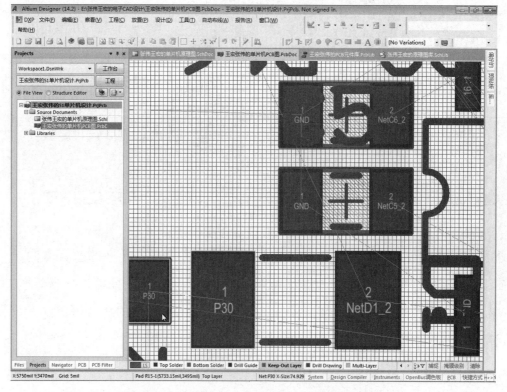

图 4-125　C5、C6、D1 元件的水平放置方向

USB 下载及供电模块布局时还需注意保证 U2 元件下排焊盘的下边线与 U1 元件的 40 号焊盘的中心距不少于 420mil。U2 元件下排焊盘的下边线与 U1 元件的 40 号焊盘中心的距离测量如图 4-126 所示。

到此 USB 下载及供电模块的所有元件布局完成。USB 下载及供电模块的所有元件布局完成后的单片机 PCB 图如图 4-127 所示。

图 4-126 U2 元件下排焊盘的下边线与 U1 元件的 40 号焊盘中心的距离测量

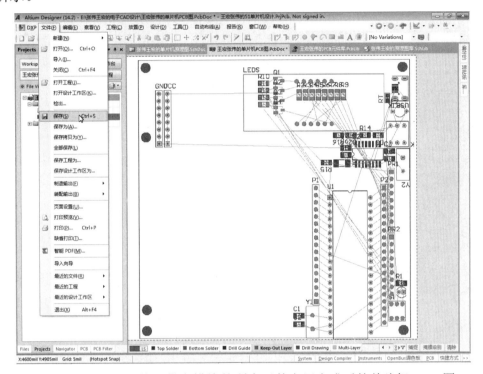

图 4-127 USB 下载及供电模块的所有元件布局完成后的单片机 PCB 图

🔍 任务 11 绘制和布局按键模块

11.1 绘制按键模块

11.1.1 放置按键模块的组成元件

1. 放置元件 S2～S8

进入原理图设计界面，展开"库"面板，在"元件名称"选区中选择"SW-PB"选项。单击"Place SW-PB"按钮后按"Tab"键，在弹出的元件属性对话框中进行属性设置：①将标识命名为"S2"；②不显示注释；③添加"SWPCB"封装。元件属性设置完成后，将吸附着"S2"元件的光标从点（35，130）开始依次向下方单击，以放置 7 个按键元件。元件 S2～S8 的放置如图 4-128 所示。右击退出放置状态后调整元件标识位置。

用微课学·任务 11

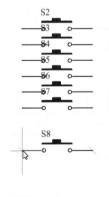

图 4-128 元件 S2～S8 的放置

2. 放置元件 P3

展开"库"面板，如图 4-129 所示，在"元件名称"选区中选择"Header 2"选项。单击"Place Header 2"按钮后按"Tab"键，在弹出的元件属性对话框中进行属性设置：①将标识命名为"P3"；②不显示注释；③不添加封装。元件属性设置完成后，放置元件 P3，如图 4-130 所示。右击退出放置状态后调整元件标识位置。

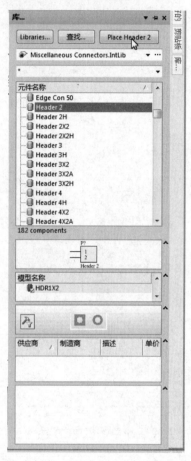

图 4-129　选择"Header 2"选项

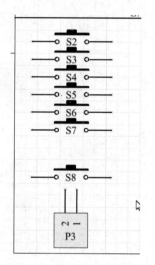

图 4-130　放置元件 P3

11.1.2　放置按键模块的连接导线、电源端口和网络标号

1. 放置连接导线

单击工具栏上的"放置线"图标，将鼠标光标中心放在 S2 元件的左引脚端单击，再在 S7 元件的左引脚端单击放置连接导线，然后右击退出放置状态。

2. 放置电源端口和网络标号

单击工具栏上的"GND 电源端口"图标后，放置 GND 电源端口，如图 4-131 所示，将鼠标光标中心移到 S7 元件的左引脚端单击，再右击退出放置状态。

选择"放置"→"网络标号"菜单命令，按"Tab"键，在弹出的对话框中将网络标号修改为"P10"，依次单击 S2～S5 元件的右引脚端放置 P10～P13 网络标号。再按"Tab"键，在弹出的对话框中将网络标号修改为"P32"，单击 S6、S7 元件的右引脚端放置 P32、P33 网络标号，然后右击退出放置状态。

3. 放置分隔线和模块名称

选择"放置"→"绘图工具"→"线"菜单命令后，将鼠标光标中心在点（125，220）处单击后再在点（125，20）处单击，然后右击退出放置状态。

选择"放置"→"文本字符串"菜单命令后，按"Tab"键，弹出"标注"对话框，在"文本"文本框中输入"按键模块"，单击"确定"按钮后在相应位置放置，然后右击退出放置状态。

图 4-132 所示为绘制完成后的按键模块的原理图。

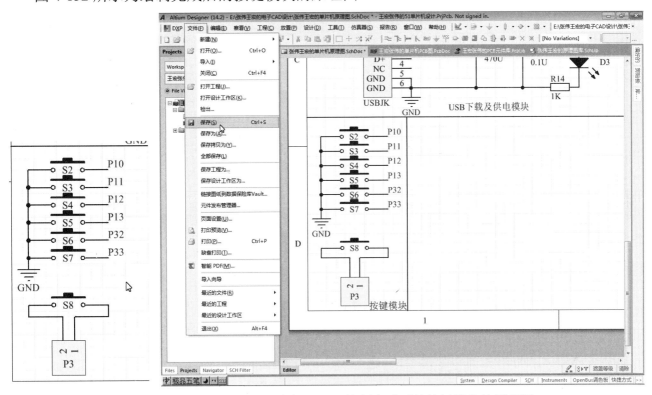

图 4-131 放置电源端口   图 4-132 绘制完成后的按键模块的原理图

11.2 布局按键模块

11.2.1 处理"工程更改顺序"对话框和 ROM 元件盒

在原理图设计界面上，先选择"设计"→"Update PCB Document 王宏张伟的单片机 PCB 图.PcbDoc"菜单命令，然后在系统弹出的"工程更改顺序"对话框中，依次单击"执行更改"→"生效更改"→"关闭"按钮。在 PCB 图设计界面上，选择"编辑"→"删除"菜单命令，将鼠标光标中心放在 PCB 右边 ROM 元件盒中的空白处单击，如图 4-133 所示，将 ROM 元件盒删除，然后右击退出删除状态。

11.2.2 布局元件 S7

移动元件 S7 并旋转 90°，布局元件 S7 如图 4-134 所示（贴近 P1 元件和 Y2 元件放置）。

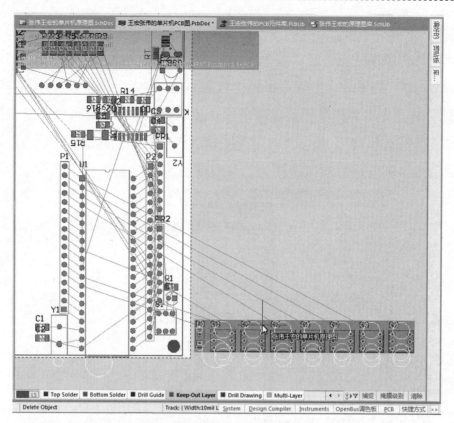

图 4-133　将 ROM 元件盒删除

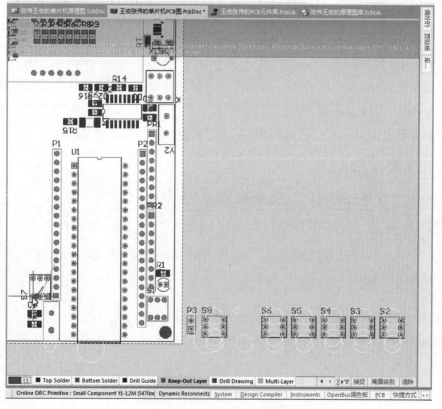

图 4-134　布局元件 S7

11.2.3　布局元件 S6、S5、S4、S3、S2、S8 及 P3

移动 S6 元件并旋转 90°，贴近 S7 元件和 P1 元件放置；移动 S5 元件并旋转 90°，贴近 S6 元件和 P1 元件放置；移动 S4 元件并旋转 90°，贴近 S5 元件和 P1 元件放置；移动 S3 元件并旋转 90°，贴近 S4 元件和 P1 元件放置；移动 S2 元件并旋转 90°，贴近 S3 元件和 P1 元件放置；移动 S8 元件并旋转 90°；移动 P3 元件并旋转 90°。

图 4-135 所示为按键模块布局完成后的单片机 PCB 图，对当前文件进行保存。

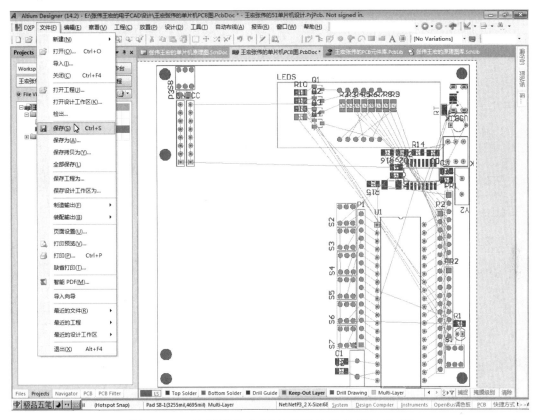

图 4-135 按键模块布局完成后的单片机 PCB 图

任务 12 绘制和布局 DS1302 日历时钟模块

用微课学·任务 12

12.1 绘制 DS1302 日历时钟模块

12.1.1 放置 DS1302 日历时钟模块的组成元件

1. 放置元件 DS1302

进入原理图设计界面，展开"库"面板，如图 4-136 所示，在"元件名称"选区中选择"DS1302"选项。单击"Place DS1302"按钮后按"Tab"键，在弹出的元件属性对话框中进行属性设置：①将标识命名为"U3"；②显示注释为"DS1302"；③如图 4-137 所示，添加"SOP8"封装。

元件属性设置完成后，将 U3 元件的 1 引脚端点移至点（215，175）上（参见图 4-138 所示的位置）单击放置，再右击退出放置状态。

图 4-136 选择"DS1302"选项

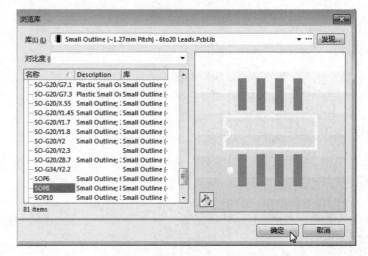

图 4-137 添加"SOP8"封装

2. 放置元件 Y3

放置元件 Y3 的步骤与任务 9 中放置元件 Y2 的步骤类似。展开"库"面板，从"元件名称"选区中选择"XTAL"选项，单击"Place XTAL"按钮后按"Tab"键，在弹出的元件属性对话框中进行属性设置：①将标识命名为"Y3"；②显示注释为"32768"；③不添加封装。元件属性设置完成后，按三次空格键，将元件 Y3 的上引脚端移至点（170，190）上（参见图 4-138 所示的位置）单击放置。再右击退出放置状态。

3. 放置元件 C7、C8、E3、D4

展开"库"面板，从"元件名称"选区中选择"Cap"选项，单击"Place Cap"按钮后按"Tab"键，在弹出的元件属性对话框中进行属性设置：①将标识命名为"C7"；②不显示注释；③标称值改为 15pF；④添加"C1206"封装。元件属性设置完成后，移动光标中心，当 C7 元件的右引脚端与 Y3 元件的上引脚端对接时单击放置，再移动光标中心，当 C8 元件的右引脚端与 Y3 元件的下引脚端对接时单击放置。再右击退出放置状态。

展开"库"面板，从"元件名称"选区中选择"Cap Pol2"选项，单击"Place Cap Po12"按钮后按"Tab"键，在弹出的元件属性对话框中进行属性设置：①将标识命名为"E3"；②不显示注释；③标称值改为 47U；④添加"CAPRS-4×5"封装。元件属性设置完成后，参照图 4-138 所示的位置放置元件。再右击退出放置状态。

展开"库"面板,从"元件名称"选区中选择"Diode 1N4148"选项,单击"Place Diode 1N4148"按钮后按"Tab"键,在弹出的元件属性对话框中进行属性设置:①将标识命名为"D4";②不显示注释;③不添加封装。元件属性设置完成后,移动光标中心,当 D4 元件的负引脚端与 U3 元件的 8 引脚端对接时单击放置。再右击退出放置状态。

12.1.2 放置 DS1302 日历时钟模块的连接导线

单击工具栏上的"放置线"图标,先将鼠标光标中心放在 E3 元件的负引脚端单击,然后将光标中心向左移到与 C7 元件的左引脚端对齐时,再向下移到 C8 元件的左引脚端上单击,画出第 1 条导线。先将光标中心移到 U3 元件的 2 引脚端上单击,其次将光标中心向左移到 Y3 元件右边时单击,再次将光标中心向上移到与 Y3 元件的上引脚端对齐时单击,最后将光标中心向左移到 Y3 元件的上引脚端上单击,画出第 2 条导线。先将光标中心移到 U3 元件的 3 引脚端上单击,其次将光标中心向左移到 Y3 元件右边时单击,再次将光标中心向下移到与 Y3 元件的下引脚端对齐时单击,最后将光标中心向左移到 Y3 元件的下引脚端上单击,画出第 3 条导线。将光标中心移到 E3 元件的正引脚端单击,再将光标中心向下移到 U3 元件的 8 引脚端单击,画出第 4 条导线。最后右击退出放置状态。

12.1.3 放置 DS1302 日历时钟模块的电源端口和网络标号

单击工具栏上的"GND 电源端口"图标,按图 4-138 所示的位置放置两个 GND 电源端口后右击退出放置状态。

单击工具栏上的"VCC 电源端口"图标,按图 4-138 所示的位置放置两个 VCC 电源端口后右击退出放置状态。

选择"放置"→"网络标号"菜单命令,按"Tab"键,将网络标号修改为"P24",按图 4-138 所示的位置将光标中心依次放在 U3 元件的 7、6、5 引脚端单击后右击退出放置状态。

12.1.4 放置 DS1302 日历时钟模块的模块分隔线和模块名称

选择"放置"→"绘图工具"→"线"菜单命令后,依次在点(370,220)(370,20)(125,115)(370,115)处单击,然后右击退出放置状态。

选择"放置"→"文本字符串"菜单命令后,按"Tab"键,弹出"标注"对话框,在"文本"文本框中输入"DS1302 日历时钟模块"并单击"确定"按钮,将该模块名称按图 4-138 所示的位置放置,然后右击退出放置状态。

接着,将光标移到 Y3 元件的注释"32768"上按下左键不放,再移动鼠标将其调整至两导线中间;用同样的办法调整 Y3 元件的标识于两导线中间。

到此,就完成了 DS1302 模块原理图的绘制,绘制完成的 DS1302 模块原理图如图 4-138 所示。

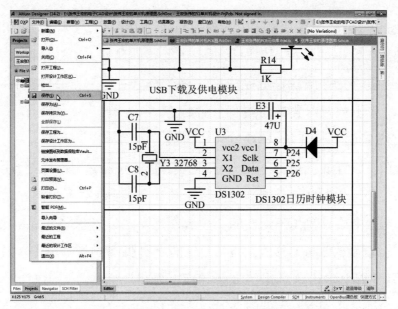

图 4-138　绘制完成的 DS1302 模块原理图

12.2　布局 DS1302 日历时钟模块

12.2.1　处理"工程更改顺序"对话框和 ROM 元件盒

在原理图设计界面上，先选择"设计"→"Update PCB Document 王宏张伟的单片机 PCB
图.PcbDoc"菜单命令，然后在系统弹出的"工程更改顺序"对话框中，依次单击"执行更改"→
"生效更改"→"关闭"按钮。在 PCB 图设计界面上，选择"编辑"→"删除"菜单命令，将鼠
标光标中心放在 PCB 右边 ROM 元件盒中的空白处单击，将 ROM 元件盒删除，如图 4-139 所
示，然后右击退出删除状态。

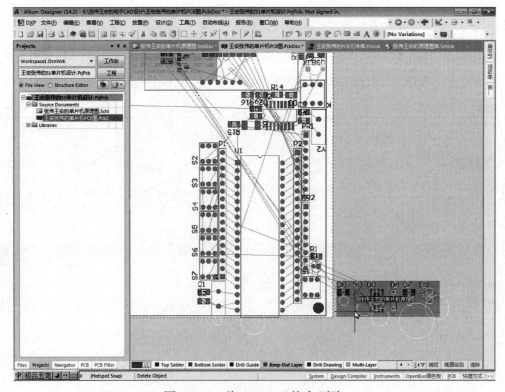

图 4-139　将 ROM 元件盒删除

12.2.2 布局 DS1302 日历时钟模块的组成元件

布局元件前，先参照任务 7 中缩小 E1 元件两焊盘间距的方法，双击 Y3 元件，在弹出的"元件 Y3"对话框中，去掉"锁定原始的"复选框的勾选，单击"确定"按钮后就可把 Y3 元件两焊盘的间距缩小。修改后再双击 Y3 元件，在弹出的"元件 Y3"对话框中，恢复"锁定原始的"复选框的勾选。

接下来，参照图 4-140 所示的位置，先把 U3 元件放置在上与 LEDS 元件下方紧邻、下与 S2 等元件竖向对齐的位置。然后依次将元件 C7、Y3、C8 放置在 U3 元件左边紧邻的位置，再将 E3 元件放在 LEDS 元件左边，最后将 D4 元件放置在 LEDS 封装内的左下角。

DS1302 日历时钟模块布局完成后的单片机 PCB 图如图 4-140 所示。

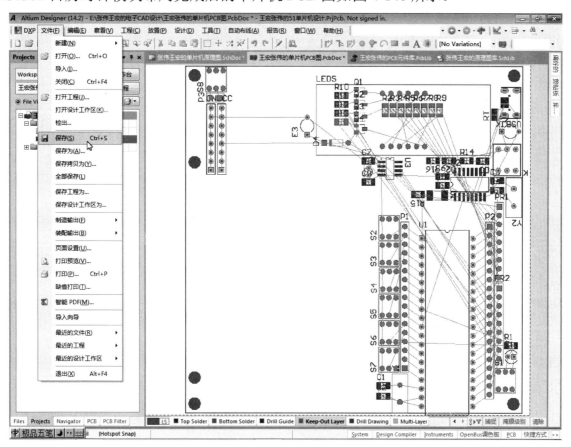

图 4-140　DS1302 日历时钟模块布局完成后的单片机 PCB 图

🔍 任务 13　绘制和布局 AT24C02 存储器模块

用微课学·任务 13

13.1　绘制 AT24C02 存储器模块

13.1.1　放置 AT24C02 存储器模块的元件

进入原理图设计界面，展开"库"面板，如图 4-141 所示，在"元件名称"选区中选择"AT24C02"选项。

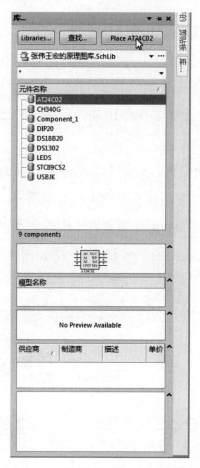

图 4-141　选择"AT24C02"选项

单击"Place AT24C02"按钮后按"Tab"键，在弹出的元件属性对话框中进行属性设置：①将标识命名为"U4"；②显示注释为"AT24C02"；③添加"SOP8"封装。

元件属性设置完成后，将 U4 元件的 1 引脚端点移至点（140，90）上（参见图 4-142 所示的位置）单击放置，再右击退出放置状态。

13.1.2　放置 AT24C02 存储器模块的连接导线

单击工具栏上的"放置线"图标，先单击 U4 元件的 1 引脚端，再单击 4 引脚端，画出第 1 条导线。单击 U4 元件的 7 引脚端，将光标中心向右移动 3 个网格点单击，画出第 2 条导线。单击 U4 元件的 6 引脚端，将光标中心向右移动 3 个网格点单击，画出第 3 条导线。单击 U4 元件的 5 引脚端，将光标中心向右移动 3 个网格点单击，画出第 4 条导线。最后右击退出放置状态。

13.1.3　放置 AT24C02 存储器模块的电源端口和网络标号

单击工具栏上的"GND 电源端口"图标后，将鼠标光标中心放在 U4 元件的 4 引脚端单击，按两次空格键后，再在 7 引脚延长线端单击，然后右击退出放置状态。

单击工具栏上的"VCC 电源端口"图标，将鼠标光标中心放在 U4 元件的 8 引脚端单击，再右击退出放置状态。

选择"放置"→"网络标号"菜单命令，按"Tab"键，将网络标号修改为"P27"，将鼠标光标中心放在 U4 元件的 5 引脚延长线端单击。按"Tab"键，将网络标号修改为"P36"，再将鼠标光标中心放在 U4 元件的 6 引脚延长线端单击，最后右击退出放置状态。

13.1.4 放置 AT24C02 存储器模块的名称

选择"放置"→"文本字符串"菜单命令，按"Tab"键，弹出"标注"对话框，在"文本"文本框中输入"AT24C02 存储器模块"，参照图 4-142 所示的位置放置。

图 4-142 所示为绘制完成的 AT24C02 存储器模块原理图。

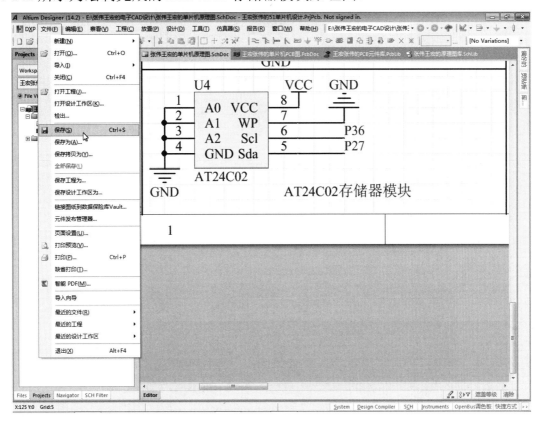

图 4-142　绘制完成的 AT24C02 存储器模块原理图

13.2　布局 AT24C02 存储器模块

13.2.1　处理"工程更改顺序"对话框和 ROM 元件盒

在原理图设计界面上，先选择"设计"→"Update PCB Document 王宏张伟的单片机 PCB图.PcbDoc"菜单命令，然后在系统弹出的"工程更改顺序"对话框中，依次单击"执行更改"→"生效更改"→"关闭"按钮。在 PCB 图设计界面上，选择"编辑"→"删除"菜单命令，将鼠标光标中心放在 PCB 右边 ROM 元件盒中的空白处单击，如图 4-143 所示，将 ROM 元件盒删除，然后右击退出删除状态。

13.2.2　布局 U4 元件

先将光标移到 U4 元件上按下左键不放并按两次空格键，再将 U4 元件移至 LEDS 元件右下角处放置。图 4-144 所示为 AT24C02 存储器模块布局完成后的单片机 PCB 图。

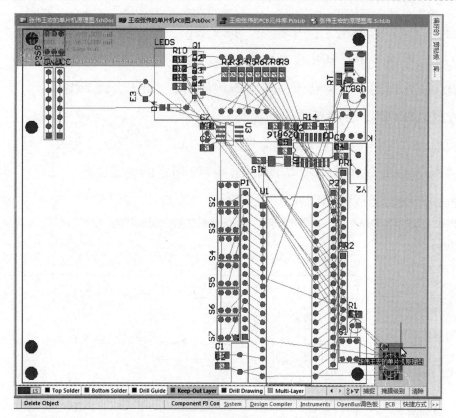

图 4-143　将 ROM 元件盒删除

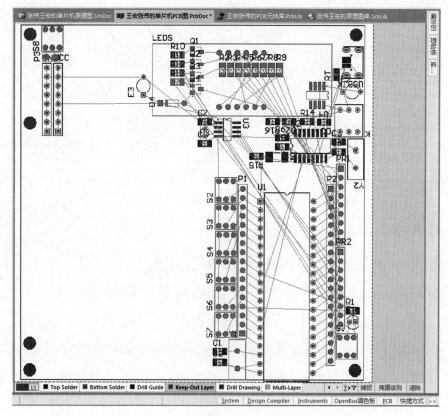

图 4-144　AT24C02 存储器模块布局完成后的单片机 PCB 图

任务 14　绘制和布局接插件模块

14.1　绘制接插件模块

14.1.1　放置接插件模块的组成元件

进入原理图设计界面，展开"库"面板，如图 4-145 所示，在"元件名称"选区中选择"DS18B20"选项。单击"Place DS18B20"按钮后按"Tab"键，在弹出的元件属性对话框中进行属性设置：①将标识命名为"U5"；②显示注释为"DS18B20"；③如图 4-146 所示，添加"HDR1×3"封装。元件属性设置完成后，参照全部组成元件放置完成后的接插件模块图所示的位置，将 U5 元件的 1 引脚端移到点（400，150）上单击放置，再右击退出放置状态。

图 4-145　选择"DS18B20"选项

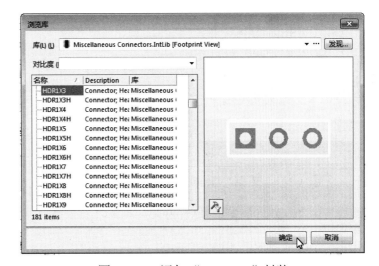

图 4-146　添加"HDR1×3"封装

展开"库"面板，如图 4-147 所示，在"元件名称"选区中选择"Header 3"选项。单击"Place Header 3"按钮后按"Tab"键，在弹出的元件属性对话框中进行属性设置：①将标识命名为"HS0038"；②不显示注释；③不添加封装。元件属性设置完成后按空格键，参照全部组成元件放置完成后的接插件模块图所示的位置，将 HS0038 元件的 1 引脚端移到点（395，60）上单击放置，再右击退出放置状态。

展开"库"面板，如图 4-148 所示，在"元件名称"选区中选择"Header 6"选项。单击"Place

Header 6"按钮后按"Tab"键，在弹出的元件属性对话框中进行属性设置：①将标识命名为"JK1A"；②不显示注释；③不添加封装。元件属性设置完成后，按两次空格键将其旋转180°，参照全部组成元件放置完成后的接插件模块图所示的位置，将 JK1A 元件的 1 引脚端移到点（525，155）上单击，然后按"Tab"键，在弹出的元件属性对话框中，将标识改名为"JK1B"，元件属性设置完成后，再按两次空格键将其旋转180°，将 JK1B 元件与 JK1A 元件的各引脚对接放置，然后右击退出放置状态。

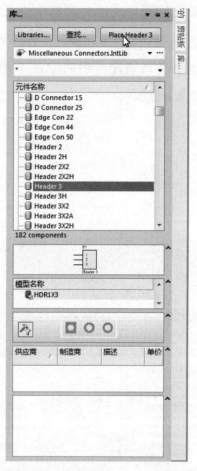

图 4-147　选择"Header 3"选项

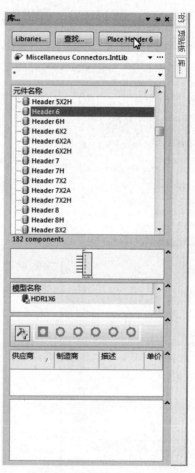

图 4-148　选择"Header 6"选项

展开"库"面板，如图 4-149 所示，在"元件名称"选区中选择"Header 12"选项。单击"Place Header 12"按钮后按"Tab"键，在弹出的元件属性对话框中进行属性设置：①将标识命名为"JK2A"；②不显示注释；③不添加封装。元件属性设置完成后，按空格键将其旋转90°，参照图 4-150 所示的位置，将 JK2A 元件的 1 引脚端移到点（470，90）上单击，然后按"Tab"键，在弹出的元件属性对话框中将标识改为"JK2B"，元件属性设置完成后，按两次空格键将其旋转180°，并将 JK2B 元件各引脚与 JK2A 元件各引脚对接放置，然后右击退出放置状态。

展开"库"面板，从"元件名称"选区中选择"Res2"选项，单击"Place Res2"按钮后按"Tab"键，在弹出的元件属性对话框中进行属性设置：①将标识命名为"R17"；②不显示注释；③将标称值改为10K；④添加"C1206"封装。元件属性设置完成后，参照图 4-150 所示的位置放置元件，然后右击退出放置状态。

图 4-150 所示为全部组成元件放置完成后的接插件模块图。

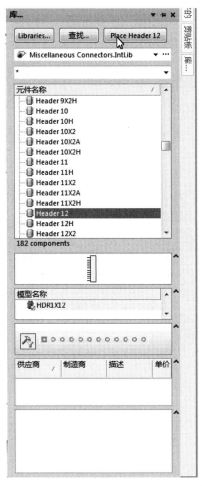

图 4-149　选择"Header 12"选项

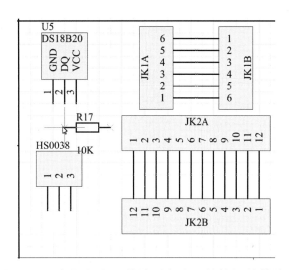

图 4-150　全部组成元件放置完成后的接插件模块图

14.1.2　放置接插件模块的连接导线

单击工具栏上的"放置线"图标，将鼠标光标中心放在 U5 元件的 1 引脚端单击，然后将光标向左移动 1 格单击，画出第 1 条导线。将鼠标光标中心放在 U5 元件的 2 引脚端单击，再将光标中心放在 R17 元件的左引脚端单击，画出第 2 条导线。将鼠标光标中心移到 R17 元件的右引脚端上单击，再将光标中心向上移到与 U5 元件的 3 引脚端（向左看）对齐时单击，然后将光标中心向左移到 U5 元件的 3 引脚端单击，画出第 3 条导线，最后右击退出放置状态。

14.1.3　放置接插件模块的电源端口和网络标号

单击工具栏上的"GND 电源端口"图标，参照图 4-151 所示的位置放置 2 个 GND 电源端口，后右击退出放置状态。

单击工具栏上的"VCC 电源端口"图标，参照图 4-151 所示的位置放置 2 个 VCC 电源端口，后右击退出放置状态。

选择"放置"→"网络标号"菜单命令，按"Tab"键，将网络标号修改为"P32"，然后参照图 4-151 所示的位置在 HS0038 元件的 1 引脚端单击。再按"Tab"键，将网络标号修改为"P10"后，在 U5 元件的 2 引脚端单击，最后右击退出放置状态。

14.1.4 放置接插件模块的分隔线和模块名称

选择"放置"→"绘图工具"→"线"菜单命令，依次在点（995，220）和点（995，20）上单击，然后右击退出放置状态。

选择"放置"→"文本字符串"菜单命令，按"Tab"键，弹出"标注"对话框，在"文本"文本框中输入"接插件模块"并单击"确定"按钮，参照图 4-151 所示的位置放置，然后右击退出放置状态。

到此，就完成了接插件模块的原理图绘制，绘制完成的接插件模块原理图如图 4-151 所示。

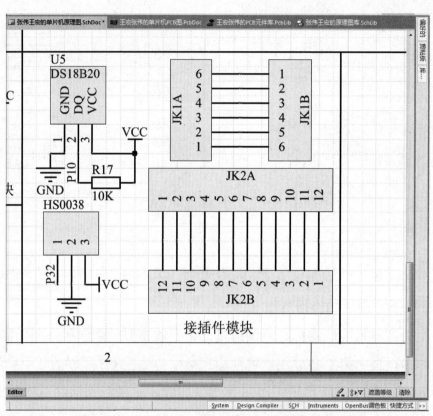

图 4-151　绘制完成的接插件模块原理图

14.2　布局接插件模块

14.2.1　处理"工程更改顺序"对话框和 ROM 元件盒

在原理图设计界面上，先选择"设计"→"Update PCB Document 王宏张伟的单片机 PCB 图.PcbDoc"菜单命令，然后在系统弹出的"工程更改顺序"对话框中，依次单击"执行更改"→"生效更改"→"关闭"按钮。在 PCB 图设计界面上，选择"编辑"→"删除"菜单命令，将鼠标光标中心放在 PCB 右边 ROM 元件盒中的空白处单击，将 ROM 元件盒删除，如图 4-152 所示，最后右击退出删除状态。

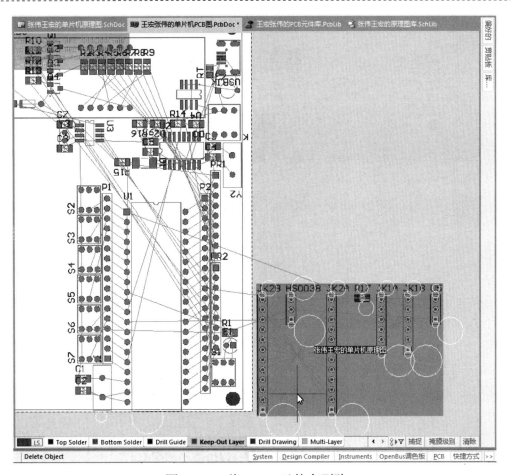

图 4-152　将 ROM 元件盒删除

14.2.2　布局接插件模块的组成元件

将光标移到 JK2B 元件上按下左键不放，将其移到 PR1 元件右边、Y2 元件下方紧邻放置；再将光标移到 JK2A 元件上按下左键不放，按两次空格键（旋转 180°）后移至 JK2B 元件右边、Y2 下方紧邻放置；将光标移到 HS0038 元件上按下左键不放，将其移到 C1 元件左边按三次空格键（旋转 270°）后靠近放置；将光标移到 U5 元件上按下左键不放，将其移到 S2 元件上方按三次空格键（旋转 270°）后，在 S2 元件和 U3 元件的中间位置放置；将光标移到 R17 元件上按下左键不放，将其移到 S2 元件上方紧邻放置；将光标移到 JK1A 元件上按下左键不放，将其移到 P3 元件左边紧邻并上对齐放置，再将光标移到 JK1B 元件上按下左键不放，将其移到 JK1A 元件左边紧邻并对齐放置。

到此，就完成了接插件模块的元件布局，完成接插件模块元件布局后的单片机 PCB 图如图 4-153 所示。

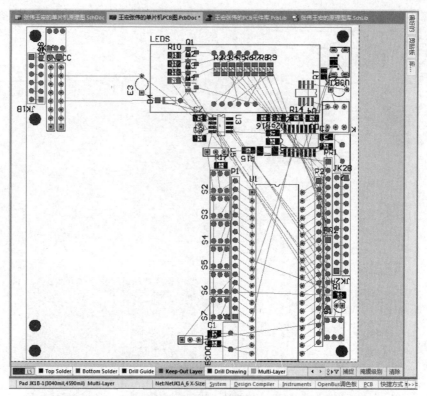

图 4-153　完成接插件模块元件布局后的单片机 PCB 图

用微课学·任务15

任务 15　绘制 ADC0804/DAC0832 接口

15.1　放置 ADC0804/DAC0832 接口的组成元件

在原理图设计界面中展开"库"面板，如图 4-154 所示，选择"元件名称"选区中的"DIP20"选项。

单击"Place DIP20"按钮后按"Tab"键，在弹出的元件属性对话框中进行属性设置：①将标识命名为"IC1"；②不显示注释；③如图 4-155 所示，添加"CDIP20"封装。元件属性设置完成后，参照 ADC0804/DAC0832 接口的组成元件放置完成图所示的位置，将 IC1 元件的 1 引脚端移到点（460，335）上单击放置，再右击退出放置状态。

展开"库"面板，在"元件名称"选区选择"Header 10"选项，如图 4-156 所示。单击"Place Header 10"按钮后按"Tab"键，在弹出的元件属性对话框中进行属性设置：①将标识命名为"P4"；②不显示注释；③不添加封装。元件属性设置完成后，将 P4 元件旋转 180°并与 IC1 元件的左边引脚对接放置，然后将 P5 元件旋转 180°与 IC1 元件的右边引脚对接放置，放置完成后右击退出放置状态。

展开"库"面板，在"元件名称"选区中选择"Header 2"选项。单击"Place Header 2"按钮后按"Tab"键，在弹出的元件属性对话框中进行属性设置：①将标识命名为"LJ1"；②不显示注释；③不添加封装。元件属性设置完成后，将 LJ1 元件的 1 引脚端移到点（450，470）上单击放置，再将 LJ2 元件的 1 引脚端移到点（445，350）上单击放置，然后将 LJ3 元件的 1 引脚端移到点（520，315）上单击放置，最后右击退出放置状态。

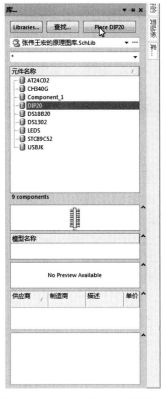

图 4-154　选择"DIP20"选项

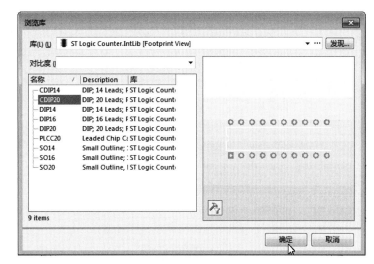

图 4-155　添加"CDIP20"封装

展开"库"面板，在"元件名称"选区中选择"Res2"选项。单击"Place Res2"按钮后按"Tab"键，在弹出的元件属性对话框中进行属性设置：①将标识命名为"R18"；②不显示注释；③将标称值改为"10K"；④添加"C1206"封装。元件属性设置完成后，移动光标中心，将 R18 元件的右引脚端与 LJ1 元件的 2 引脚端对接放置；在 R19 元件的右引脚端与 LJ2 元件的 2 引脚端相隔两网格并竖向对齐时单击放置；在 R20 元件的左引脚端与 R19 元件的右引脚端对接时单击放置；在 R21 元件的左引脚端与 LJ3 元件的 2 引脚端相隔 2.5 网格并竖向对齐时单击放置；然后右击退出放置状态。

展开"库"面板，如图 4-157 所示，在"元件名称"选区中选择"RPot"选项。单击"Place RPot"按钮后按"Tab"键，在弹出的元件属性对话框中进行属性设置：①将标识命名为"DWQ1"；②不显示注释；③将标称值改为 10K；④如图 4-158 所示，添加"DWQPCB"封装。元件属性设置完成后，移动光标中心，按两次空格键，将 DWQ1 元件的滑动引脚端在与 R18 元件的左引脚对接时单击放置，然后右击退出放置状态。

展开"库"面板，如图 4-159 所示，在"元件名称"选区中选择"2N3904"选项。单击"Place 2N3904"按钮后按"Tab"键，在弹出的元件属性对话框中进行属性设置：①将标识命名为"Q5"；②显示注释为"J3Y"；③添加"SO-G3/E4.6G"封装。元件属性设置完成后，移动光标中心，在 Q5 元件的基极端与 R21 元件的右引脚端对接时单击放置，然后右击退出放置状态。

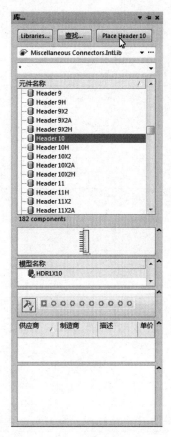

图 4-156　选择"Header 10"选项

图 4-157　选择"RPot"选项

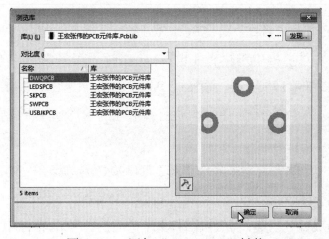

图 4-158　添加"DWQPCB"封装

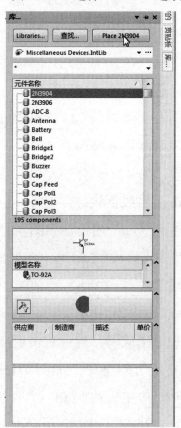

图 4-159　选择"2N3904"选项

展开"库"面板，从"元件名称"选区中选择"LED0"选项，单击"Place LED0"按钮后按
"Tab"键，在弹出的元件属性对话框中进行属性设置：①将标识命名为"D5"；②不显示注释；
③添加"C1206"封装。元件属性设置完成后，移动光标中心，按三次空格键，在 D5 元件的负
极端与 Q5 元件的集电极端对接时单击放置，然后右击退出放置状态。

到此，如图 4-160 所示，ADC0804/DAC0832 接口的组成元件放置完成。

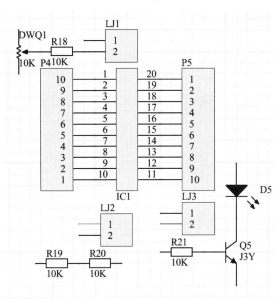

图 4-160　ADC0804/DAC0832 接口的组成元件放置完成

15.2　放置 ADC0804/DAC0832 接口的连接导线

单击工具栏上的"放置线"图标，将鼠标光标中心放在 LJ2 元件的 2 引脚端单击，移动光标
中心到 R19 元件的右引脚端单击，画出第 1 条导线。移动光标中心，在 LJ3 元件的 2 引脚端单
击，再移动光标中心到 R21 元件的左引脚端单击，画出第 2 条导线。移动光标中心，在 IC1 元
件的 11 引脚端单击，再移动光标中心到 LJ3 元件的 1 引脚端单击，画出第 3 条导线，然后右击
退出放置状态。

15.3　放置 ADC0804/DAC0832 接口的电源端口和网络标号

单击工具栏上的"VCC 电源端口"图标，按图 4-161 所示的位置放置 4 个 VCC 电源端口，
然后右击退出放置状态。

单击工具栏上的"GND 电源端口"图标，按图 4-161 所示的位置放置 4 个 GND 电源端口，
然后右击退出放置状态。

选择"放置"→"网络标号"菜单命令，按"Tab"键，将网络标号修改为"AIN"，将鼠标
光标中心放在 LJ1 元件的 1 引脚端单击放置网络标号，再移动光标中心到 IC1 元件的 6 引脚端
单击放置网络标号。然后按"Tab"键，将网络标号修改为"JIN"后，将光标中心放在 IC1 元件
的 9 引脚端单击放置网络标号，再移动光标中心到 LJ2 元件的 1 引脚端单击放置网络标号，最后
右击退出放置状态。

15.4 放置 ADC0804/DAC0832 接口的模块分隔线和模块名称

选择"放置"→"绘图工具"→"线"菜单命令，将鼠标光标中心放在点（615，500）上单击，再在点（615，220）上单击，完成竖直分隔线的放置，然后右击退出放置状态。

选择"放置"→"文本字符串"菜单命令，按"Tab"键，弹出"标注"对话框，在"文本"文本框中输入"ADC0804DAC0832 接口"并单击"确定"按钮，在图 4-161 所示的位置单击以完成模块名称放置，然后右击退出放置状态。

到此，就完成了 ADC0804/DAC0832 接口的原理图绘制，绘制完成的 ADC0804/DAC0832 接口原理图如图 4-161 所示。

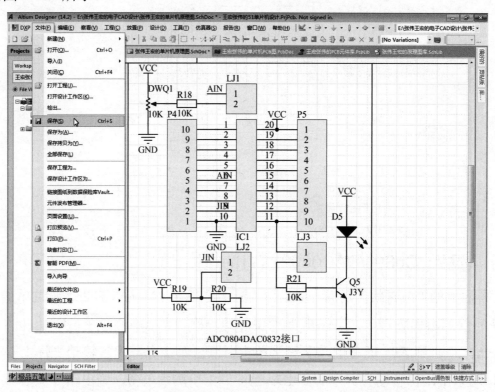

图 4-161 绘制完成的 ADC0804/DAC0832 接口原理图

任务 16 绘制 LCD1602LCD12864 接口和放置层次原理图端口

用微课学·任务 16

16.1 绘制 LCD1602LCD12864 接口

16.1.1 放置 LCD1602LCD12864 接口的组成元件

在原理图设计界面展开"库"面板，如图 4-162 所示，在"元件名称"选区中选择"Header 16"选项。

单击"Place Header 16"按钮后按"Tab"键，在弹出的元件属性对话框中进行属性设置：①将标识命名为"LCD1"；②显示注释为"1602"；③不添加封装。元件属性设置完成后，移动光标中心，将 LCD1 元件的 1 引脚移到点（665，470）上单击以完成放置，然后右击退出放置状态。

展开"库"面板，如图4-163所示，在"元件名称"选区中选择"Header 20"选项。单击"Place Header 20"按钮后按"Tab"键，在弹出的元件属性对话框中进行属性设置：①将标识命名为"LCD2"；②显示注释为"12864"；③不添加封装。元件属性设置完成后，移动光标中心，将LCD2元件的1引脚移到点（765，470）上单击以完成放置（见图4-164），然后右击退出放置状态。

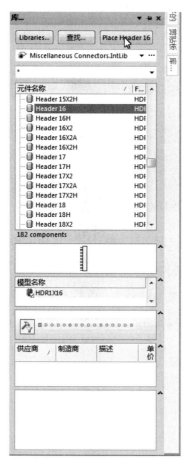

图4-162　选择"Header 16"选项

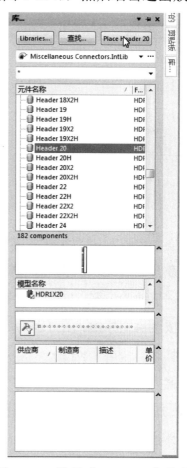

图4-163　选择"Header 20"选项

展开"库"面板，在"元件名称"选区中选择"Header 2"选项。单击"Place Header 2"按钮后按"Tab"键，在弹出的元件属性对话框中进行属性设置：①将标识命名为"LJ4"；②不显示注释；③不添加封装。元件属性设置完成后，移动光标中心，按空格键，将LJ4元件的2引脚端移到与LCD1元件的15引脚横向对齐时单击以完成放置（见图4-164），然后右击退出放置状态。

展开"库"面板，在"元件名称"选区中选择"Header 3"选项。单击"Place Header 3"按钮后按"Tab"键，在弹出的元件属性对话框中进行属性设置：①将标识命名为"PSB"；②不显示注释；③不添加封装。元件属性设置完成后，移动光标中心，按两次空格键，将PSB元件与LCD1元件竖向对齐且在两者间恰好能显示两行字符时单击以完成放置（见图4-164），然后右击退出放置状态。

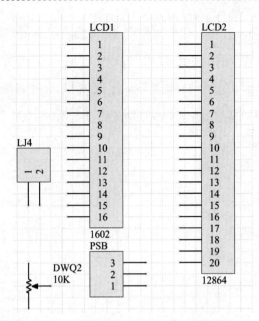

图 4-164　LCD1602LCD12864 接口的组成元件放置

　　展开"库"面板，在"元件名称"选区中选择"RPot"选项。单击"Place RPot"按钮后按"Tab"键，在弹出的元件属性对话框中进行属性设置：①将标识命名为"DWQ2"；②不显示注释；③将标称值改为10K；④添加"DWQPCB"封装（见图4-158）。单击"OK"按钮后，移动光标中心，按两次空格键，在 DWQ2 元件的引脚与 LJ4 元件的 1 引脚竖向对齐时单击，然后右击退出放置状态。

　　到此，就完成了图 4-164 所示的 LCD1602LCD12864 接口的组成元件放置。

16.1.2　放置 LCD1602LCD12864 接口的连接导线

　　单击工具栏上的"放置线"图标，将鼠标光标中心放到 LJ4 元件的 2 引脚端单击，再在 LCD1 元件的 15 引脚端单击，完成第 1 条导线的放置。先将光标中心移到 PSB 元件的 3 引脚端单击，然后将光标中心向上移到与 LCD2 元件的 17 引脚对齐时单击,最后向右移到 LCD2 元件的 17 引脚端单击，完成第 2 条导线的放置。先将光标中心移到 PSB 元件的 2 引脚端单击，其次将光标中心向右移动 1.5 网格后单击，再次向上移到与 LCD2 元件的 15 引脚对齐时单击，最后向右移到 LCD2 元件的 15 引脚端单击，完成第 3 条导线的放置。放置完成后右击退出放置状态。到此，完成 LCD1602LCD12864 接口的连接导线放置。

16.1.3　放置 LCD1602LCD12864 接口的电源端口和网络标号

　　单击工具栏上的"GND 电源端口"图标，如图 4-165 所示，放置 6 个 GND 电源端口，然后右击退出放置状态。单击工具栏上的"VCC 电源端口"图标，如图 4-165 所示，放置 5 个 VCC 电源端口，然后右击退出放置状态。

　　选择"放置"→"网络标号"菜单命令，按"Tab"键，将网络标号修改为"CONT"并单击"确定"按钮，先将鼠标光标中心放在 LCD1 元件的 3 引脚端单击，再在 LCD2 元件的 3 引脚端单击，按空格键，在 DWQ2 元件的滑动引脚端单击放置 3 个网络标号。按"Tab"键，将网络标号修改为"P25"后移动光标中心，按 3 次空格键，依次将鼠标光标中心放在 LCD1 元件的 4～6 引脚端单击放置网络标号。按"Tab"键，将网络标号修改为"P25"并单击"确定"按钮，依次将鼠标光标中心放在 LCD2 元件的 4～6 引脚端单击放置三个网络标号。按"Tab"键，将网络标号修改为"P00"，依次将鼠标光标中心放在 LCD2 元件的 7～14 引脚端单击放置网络标号。按"Tab"键，将网络标号修改为"P00"，然后依次将鼠标光标中心放在 LCD2 元件的 7～14 引脚端单击放置网络标号。按"Tab"键，将网络标号修改为"BL"，将鼠标光标中心放在 LCD1 元件的 15 引脚端和 LCD2 元件的 19 引脚端单击放置两个网络标号。最后右击退出放置状态。

16.1.4 放置 LCD1602LCD12864 接口的模块分隔线和模块名称

选择"放置"→"绘图工具"→"线"菜单命令，将鼠标光标中心在点（820，500）上单击，再在点（820，20）上单击，就画出了模块分隔线，然后右击退出放置状态。

选择"放置"→"文本字符串"菜单命令，按"Tab"键，弹出"标注"对话框、在"文本"文本框中输入"LCD1602LCD12864 接口"并单击"确定"按钮，然后参考图 4-165 所示的位置放置，放置完成后右击退出放置状态。

图 4-165 所示为绘制完成的 LCD1602LCD12864 接口原理图。

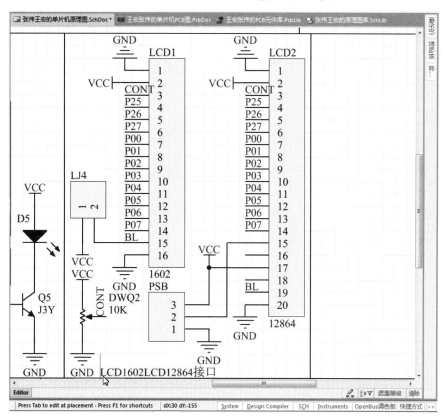

图 4-165　绘制完成的 LCD1602LCD12864 接口原理图

16.2　放置层次原理图端口

16.2.1　放置层次原理图端口和网络标号

选择"放置"→"端口"菜单命令，按"Tab"键，弹出"端口属性"对话框，如图 4-166 所示，将端口命名为"P10"，单击"确定"按钮后，参见图 4-167 所示的 7 个端口放置的位置和间隔，将鼠标光标中心在空白处单击以定位 P10 端口的左定位端，然后将光标中心移过 3 个网格单击定位 P10 端口的右定位端，这就放置了第 1 个端口。接下来用同样的方法，放置 P11～P16 这 6 个端口。放置完成后右击退出放置状态。

接下来，单击工具栏上的"放置线"图标，给端口放置短导线，如图 4-168 所示，先将鼠标光标中心放在 P10 端口的左端单击，然后将光标中心向左移过两个网格单击，完成第 1 条短导线的放置。然后，用同样的方法，放置 P11～P16 这 6 个端口左边的短导线。

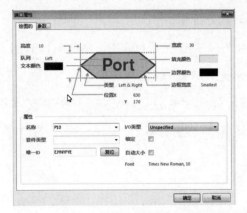 

图 4-166　将端口命名为"P10"　　图 4-167　7 个端口放置的位置和间隔　图 4-168　给端口放置短导线

选择"放置"→"网络标号"菜单命令，按"Tab"键，将网络标号修改为"P10"，并如图 4-169 所示给端口放置网络标号，从上向下依次在 7 条短导线上单击，再右击退出放置状态。

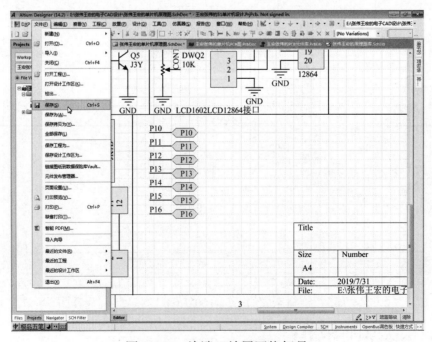

图 4-169　给端口放置网络标号

16.2.2　生成原理图的网络表

1. 用原理图生成文件的网络表

生成文件网络表的菜单操作如图 4-170 所示，选择"设计"→"文件的网络表"→"PCAD"菜单命令，系统立即在"Projects"面板中产生一个"Generated"文件夹，展开这个文件夹及其内的"Netlist Files"文件夹，然后双击其内的"张伟王宏的单片机原理图.N"文件，右边工作区中就显示出图 4-171 所示的文件网络表的内容，可以看到，每个元件的网络连接都是以"？"来显示。

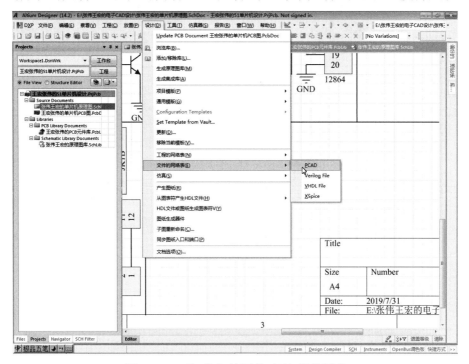

图 4-170　生成文件网络表的菜单操作

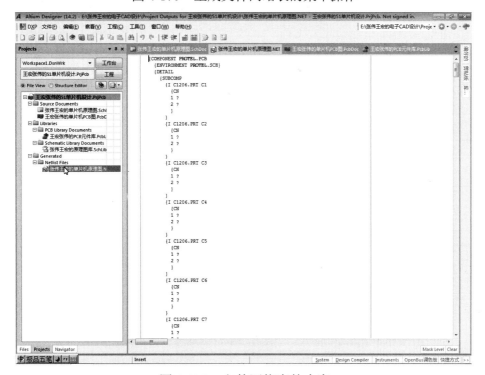

图 4-171　文件网络表的内容

2. 用原理图生成工程的网络表

单击"文件"选项卡中的"原理图"选项，如图 4-172 所示，生成工程的网络表，选择"设计"→"工程的网络表"→"PCAD"菜单命令，然后在"Projects"面板中双击"张伟王宏的单片机原理图.N"文件，工程的网络表如图 4-173 所示，可以看到，工作区中显示出了每个元件的网络连接。

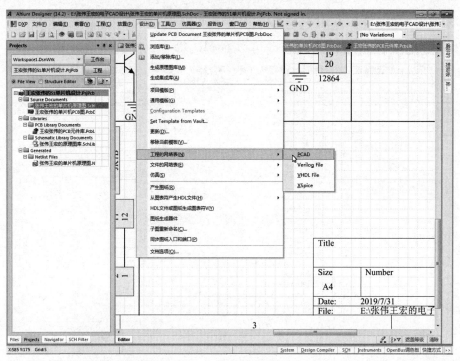

图 4-172　生成工程的网络表

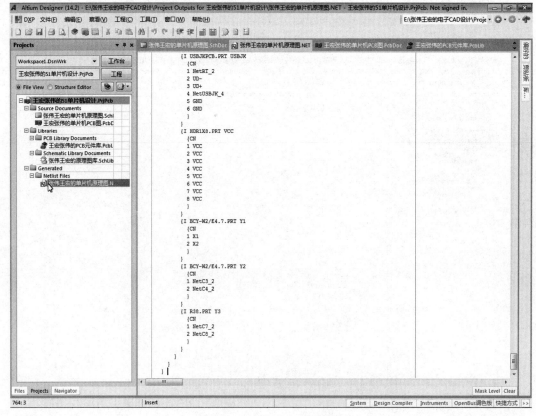

图 4-173　工程的网络表

最终完成的单片机原理图如图 4-174 所示。

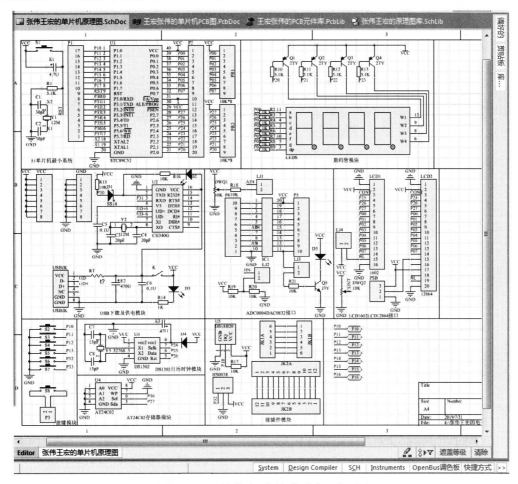

图 4-174　最终完成的单片机原理图

任务 17　布局 A/D 与 D/A 接口和 LCD 接口

用微课学·任务 17

17.1　处理"工程更改顺序"对话框和 ROM 元件盒

在原理图设计界面上，先选择"设计"→"Update PCB Document 王宏张伟的单片机 PCB
图.PcbDoc"菜单命令，在系统弹出的"工程更改顺序"对话框中，依次单击"执行更改"→"生
效更改"→"关闭"按钮。在 PCB 图设计界面上，选择"编辑"→"删除"菜单命令，将鼠标
光标中心放在 PCB 右边 ROM 元件盒中的空白处单击，将 ROM 元件盒删除，如图 4-175 所示。
然后右击退出删除状态。

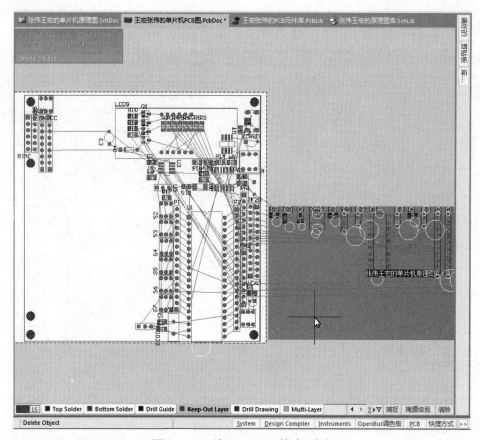

图 4-175　将 ROM 元件盒删除

17.2　布局 A/D 与 D/A 相关元件

如图 4-176 所示，用鼠标画框选择部分元件。

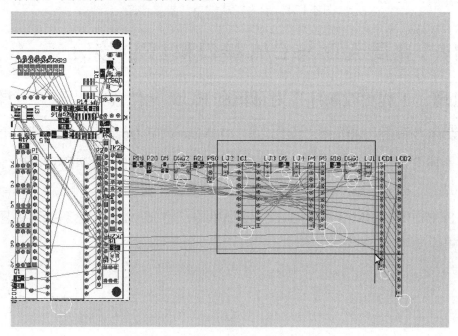

图 4-176　用鼠标画框选择部分元件

将鼠标光标移到所框选的元件上按下左键不放，并如图 4-177 所示，将所选元件移到电路板内，以方便布局。

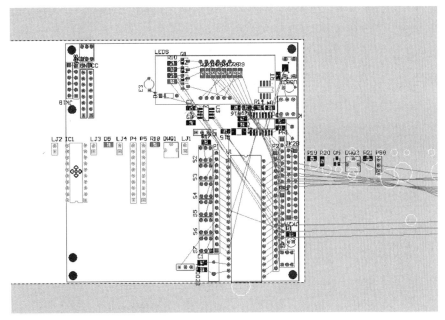

图 4-177 将所选元件移到电路板内

如图 4-178 所示，移动 P5 元件到 VCC 元件右边且在 P5 元件的方形焊盘与 VCC 元件的 2 号焊盘对齐时紧邻放置。

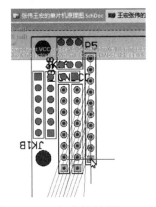

图 4-178 移动并放置 P5 元件

如图 4-179 所示，将 IC1 元件移到 P5 元件右边紧邻放置。

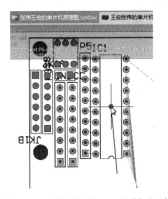

图 4-179 将 IC1 元件移到 P5 元件右边紧邻放置

将 P4 元件移到 IC1 元件右边，旋转 180°且在两焊盘水平相对时放置。图 4-180 所示为元件 P4、LJ3、R21、Q5、LJ2、LJ1、D5 的布局。

参照图 4-180 所示的位置，移动 LJ3 元件至 IC1 元件上方（1 号焊盘居左）放置；移动 R21 元件至 LJ3 元件右边且 IC1 元件上方紧邻放置；移动 Q5 元件至电路板上部放置；移动 LJ2 元件至 P4 元件右边且 Q5 元件下方紧邻放置；移动 LJ1 元件至 P4 元件右边且 LJ2 元件下方紧邻放置。

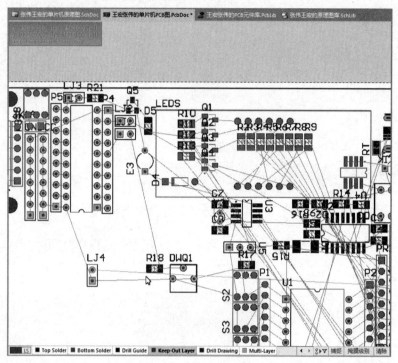

图 4-180　元件 P4、LJ3、R21、Q5、LJ2、LJ1、D5 的布局

接下来，移动 R20 元件至 P4 元件右边且 LJ1 元件下方紧邻放置；移动 R19 元件于 P4 元件右边且 R20 元件下方紧邻放置；移动 R18 元件至 P4 元件右边且 R19 元件下方紧邻放置；移动 DWQ1 元件至 P4 元件右边且 R18 元件下方并旋转 270°后紧邻放置。

17.3　布局 LCD1、LCD2 相关元件

移动 LCD2 元件且先旋转 90°后，将 1 号焊盘（居右端）定位在点（6430，4825）上放置；移动 LCD1 元件且旋转 270°后，双击 LCD1 元件，在弹出的"元件 LCD1"对话框中将"X 轴位置"设定为"3320mil"，"Y 轴位置"设定为"1190mil"，再勾选"锁定"复选框并单击"确定"按钮。此时 LCD1 元件右端将重叠在 HS0038 元件上，如图 4-181 所示，将 HS0038 元件向右向下略微移动。

接下来，移动 PSB 元件到 LCD1 元件左端上方放置；再移动 DWQ2 元件并旋转 270°后，在 PSB 元件上方放置；最后移动 LJ4 元件并旋转 90°后，在 DWQ2 元件上方放置。PSB、PWQ2、LJ4 元件的放置如图 4-182 所示。到此，就完成了单片机学习板的 PCB 图设计。

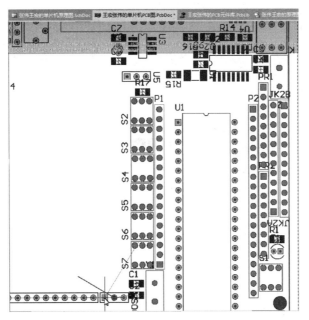

图 4-181　将 HS0038 元件向右向下略微移动

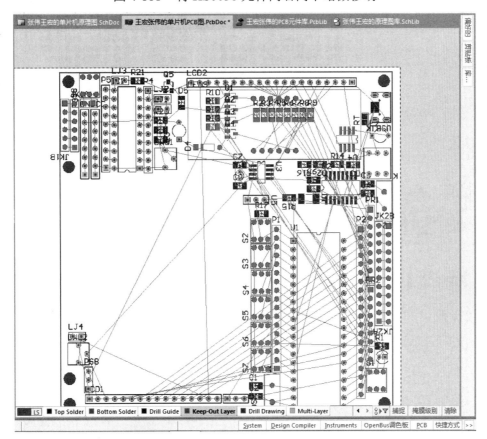

图 4-182　PSB、DWQ2、LJ4 元件的放置

17.4　关闭鼠标位置的坐标显示

在布局过程中，PCB 图左上角有鼠标位置的坐标显示，这些信息现在用不到，故可去掉。选择"DXP"→"参数选择"菜单命令，在"参数选择"对话框中，展开"PCB Editor"选项，单击"Board Insight Modes"子项，然后如图 4-183 所示，将"显示"选区内的"显示头信息"和

"应用背景颜色"复选框的勾选去掉。单击"确定"按钮，关闭"参数选择"对话框。

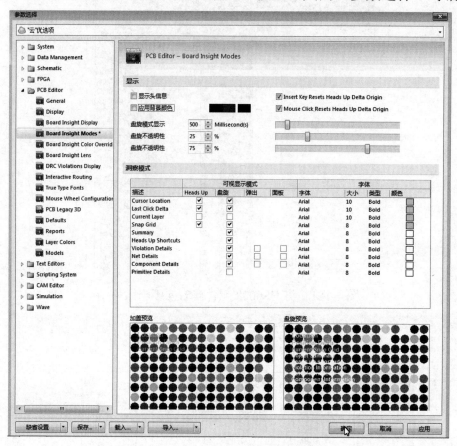

图 4-183　将"显示"选区内的"显示头信息"和"应用背景颜色"复选框的勾选去掉

接下来，将 C2、C1 元件的布局位置略做调整，保存布局作业如图 4-184 所示。

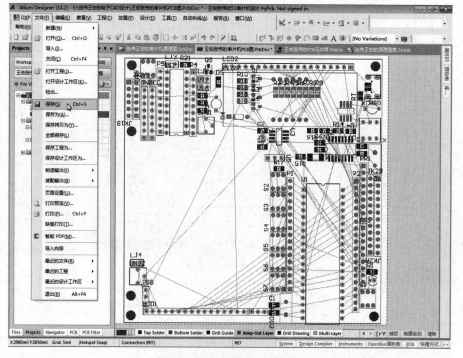

图 4-184　保存布局作业

🔍 小结 4

本章的重点内容如下所述。

（1）原理图设计中网络标号和电源标记的报错模式设置。

（2）由原理图更新 PCB 图的菜单操作。

（3）"工程更改顺序"对话框的操作步骤。

（4）禁止布线层的作用。

（5）禁止布线层的选择和布线边界框的画法。

（6）用焊盘作安装孔的焊盘设置操作。

（7）PCB 图两点间距离的测量方法。

（8）锁定 PCB 元件布局位置的操作方法。

（9）PCB 安装库元件封装的修改方法。

（10）关闭鼠标位置坐标显示的操作方法。

（11）生成工程网络表的菜单操作。

🔍 习题 4

1．写出原理图设计中网络标号和电源标记"报告模式"为"严重错误"的操作步骤。

2．写出给 PCB 图画禁止布线边界框的操作步骤。

3．写出在 PCB 图上测量 A、B 两焊盘中心间距的操作步骤。

4．写出测量禁止布线框上下宽度的操作步骤。

5．写出减小电解电容两焊盘间距的操作步骤。

项目五

基于层次原理图的单片机扩展设计

任务 18 绘制原理图库 3 元件

18.1 绘制原理图库元件 DZ8H16L

先单击原理图库文件选项卡，再单击项目面板下方的"SCH Library"标签。按照如图 5-1 所示添加新元件"DZ8H16L"，单击"SCH Library"面板中的"添加"按钮，在弹出的"New Component Name"对话框中输入"DZ8H16L"。

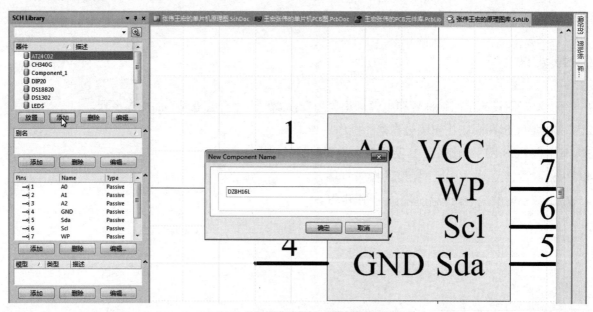

图 5-1 添加新元件"DZ8H16L"

新元件命名完成后，选择"放置"→"矩形"菜单命令，将矩形框的左下角顶点定位于点（-100，-100）上、右上角顶点定位于点（90，70）上。定位完成并右击退出放置状态后，选择"放置"→"引脚"菜单命令，按"Tab"键，弹出"管脚属性"对话框，如图 5-2 所示，将"显示名字"改为"R1"，"标识"改为"25"。

引脚属性设置完成后，参见图 5-3 所示的行引脚放置位置，放置 25 引脚。

接下来，按"Tab"键，不修改"显示名字"，只将"标识"修改为"30"，参见图 5-3 所示的位置放置 30 引脚。按"Tab"键，不修改"显示名字"，只将"标识"修改为"8"，参见图 5-3 所示的位置放置 8 引脚。按"Tab"键，不修改"显示名字"，只将"标识"修改为"28"，参见图 5-3 所示的位置放置 28 引脚。按"Tab"键，不修改"显示名字"，只将"标识"修改为"1"，参见图 5-3 所示的位置放置 1 引脚。按"Tab"键,不修改"显示名字",只将"标识"修改为"7",参见图 5-3 所示的位置放置 7 引脚。按"Tab"键,不修改"显示名字",只将"标识"修改为"2",参见图 5-3 所示的位置放置 2 引脚。按"Tab"键,不修改"显示名字",只将"标识"修改为"5",参见图 5-3 所示的位置放置 5 引脚。

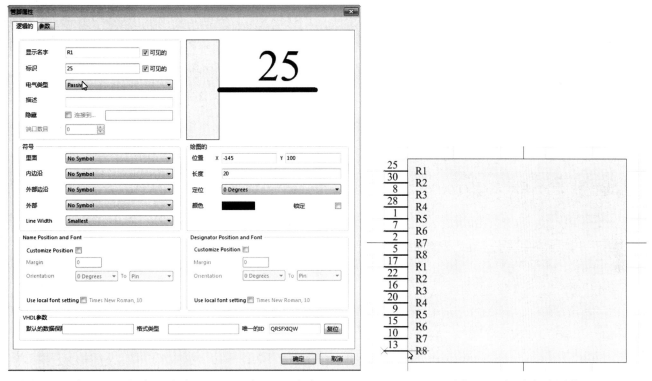

图 5-2 将"显示名字"改为"R1","标识"改为"25"   图 5-3 行引脚放置位置

接下来,按"Tab"键,修改"显示名字"为"R1"且修改"标识"为"17",参见图 5-3 所示的位置放置 17 引脚。按"Tab"键,不修改"显示名字",只将"标识"修改为"22",参见图 5-3 所示的位置放置 22 引脚。按"Tab"键,不修改"显示名字",只将"标识"修改为"16",参见图 5-3 所示的位置放置 16 引脚。按"Tab"键,不修改"显示名字",只将"标识"修改为"20",参见图 5-3 所示的位置放置 20 引脚。按"Tab"键,不修改"显示名字",只将"标识"修改为"9",参见图 5-3 所示的位置放置 9 引脚。按"Tab"键,不修改"显示名字",只将"标识"修改为"15",参见图 5-3 所示的位置放置 15 引脚。按"Tab"键,不修改"显示名字",只将"标识"修改为"10",参见图 5-3 所示的位置放置 10 引脚。按"Tab"键,不修改"显示名字",只将"标识"修改为"13",参见图 5-3 所示的位置放置 13 引脚。

接下来,按"Tab"键,修改"显示名字"为"C1"且修改"标识"为"29",参见图 5-4 所示的位置放置 29 引脚。

接下来,按"Tab"键,不修改"显示名字",只将"标识"修改为"3",参见图 5-4 所示的位置连续放置 3、4 引脚。按"Tab"键,不修改"显示名字",只将"标识"修改为"26",参见图 5-4 所示的位置放置 26 引脚。按"Tab"键,不修改"显示名字",只将"标识"修改为"6",

参见图 5-4 所示的位置放置 6 引脚。按"Tab"键，不修改"显示名字"，只将"标识"修改为"27"，参见图 5-4 所示的位置放置 27 引脚。按"Tab"键，不修改"显示名字"，只将"标识"修改为"31"，参见图 5-4 所示的位置连续放置 31、32 引脚。

接下来，按"Tab"键，修改"显示名字"为"C1"且修改"标识"为"21"，参见图 5-4 所示的位置放置 21 引脚。按"Tab"键，不修改"显示名字"，只将"标识"修改为"11"，参见图 5-4 所示的位置连续放置 11、12 引脚。按"Tab"键，不修改"显示名字"，只将"标识"修改为"18"，参见图 5-4 所示的位置放置 18 引脚。按"Tab"键，不修改"显示名字"，只将"标识"修改为"14"，参见图 5-4 所示的位置放置 14 引脚。按"Tab"键，不修改"显示名字"，只将"标识"修改为"19"，参见图 5-4 所示的位置放置 19 引脚。按"Tab"键，不修改"显示名字"，只将"标识"修改为"23"，参见图 5-4 所示的位置连续放置 23、24 引脚。

【说明】原理图库元件 DZ8H16L 的引脚不按顺序排列，是为了绘制 16×16 点阵电路图方便，一个 DZ8H16L 元件实际上是用两个 8×8LED 点阵组成的一个 8 行 16 列点阵。

图 5-4 所示为绘制完成的原理图库元件 DZ8H16L。

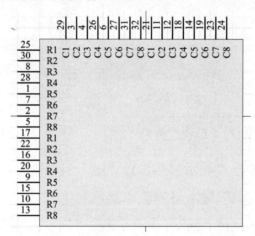

图 5-4　绘制完成的原理图库元件 DZ8H16L

18.2　绘制原理图库元件 74HC138

单击"SCH Library"面板中的"添加"按钮，在弹出的"New Component Name"对话框中输入"74HC138"，选择"放置"→"矩形"菜单命令，将矩形框的左下角顶点定位于点（-30，-40）上、右上角顶点定位于点（30，50）上，然后右击退出放置状态。

接下来，放置 74HC138 元件的 16 只引脚，绘制完成的原理图库元件 74HC138 如图 5-5 所示。

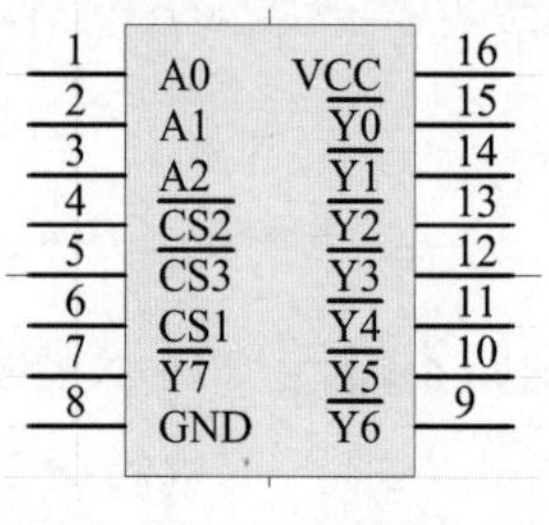

图 5-5　绘制完成的原理图库元件 74HC138

18.3　绘制原理图库元件 74HC595

单击"SCH Library"面板中的"添加"按钮，在弹出的"New Component Name"对话框中输入"74HC595"，选择"放置"→"矩形"菜单命令，将矩形框的左下角顶点定位于点（-35，-35）上、右上角顶点定位于点（25，55）上，然后右击退出放置状态。

接下来，放置 74HC595 元件的 16 只引脚，绘制完成的原理图库元件 74HC595 如图 5-6 所示。

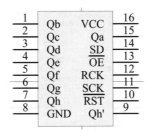

图 5-6　绘制完成的原理图库元件 74HC595

用微课学·任务 19

任务 19　绘制 LED16×16 点阵电路图

19.1　新建点阵电路图文件

选择"文件"→"新建"→"原理图"菜单命令，工作区切换为原理图设计界面，再选择"文件"→"保存"菜单命令，系统弹出保存对话框，在"文件名"文本框中输入"张伟王宏的点阵电路图"后单击"保存"按钮。图 5-7 所示为保存"张伟王宏的点阵电路图"。

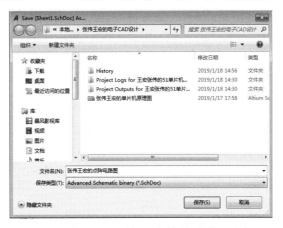

图 5-7　保存"张伟王宏的点阵电路图"

19.2　放置 DZ1 元件

展开"库"面板，如图 5-8 所示，从"元件名称"选区中选择"DZ8H16L"选项。

单击"Place DZ8H16L"按钮后按"Tab"键，在弹出的元件属性对话框中进行属性设置：①将标识命名为"DZ1"；②不显示注释；③添加"FDIP32W"封装，如图 5-9 所示。元件属性设置完成后，移动光标中心，将 DZ1 元件的 25 引脚端移到点（170，610）上单击，然后右击退出放置状态。

图 5-8 选取 "DZ8H16L" 元件

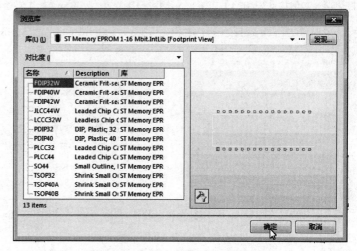

图 5-9 添加 "FDIP32W" 封装

19.3 放置总线进口

如图 5-10 所示，选择"放置"→"总线进口"菜单命令，放置总线进口。

如图 5-11 所示，给 DZ1 元件的 32 只引脚放置总线进口（放置时要有电气标志）。

图 5-10 放置总线进口

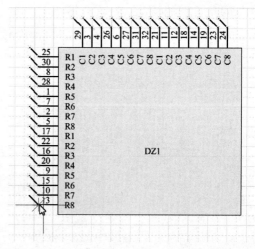

图 5-11 给 DZ1 元件的 32 只引脚放置总线进口

19.4 复制带总线进口的 DZ1 元件

先选中带总线进口的 DZ1 元件，再选择"编辑"→"拷贝"菜单命令，复制带总线进口的 DZ1 元件，如图 5-12 所示。

选择"编辑"→"粘贴"菜单命令，复制品 DZ1 的放置位置如图 5-13 所示。

由于不允许元件的标识相同，双击复制而得的 DZ1 元件，并在元件属性对话框中将其标识改为"DZ12"。

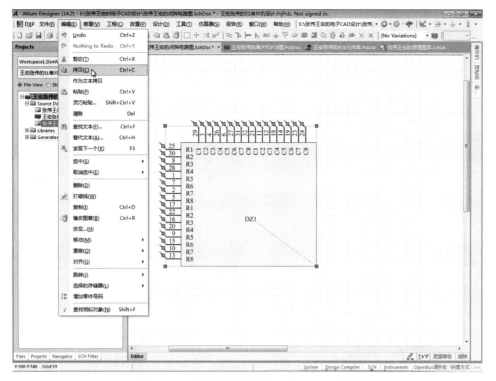

图 5-12　复制带总线进口的 DZ1 元件

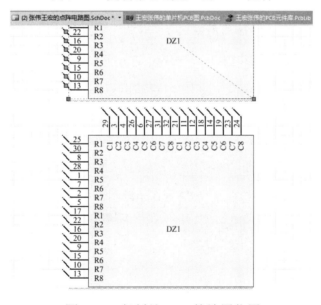

图 5-13　复制品 DZ1 的放置位置

19.5　为点阵电路放置端口

图 5-14 所示为要放置的 16 个列端口和 16 个行端口。选择"放置"→"端口"菜单命令，按"Tab"键，将端口命名为"C1"，参照图 5-14 所示的位置连续放置端口 C1～C16。然后按"Tab"键，将"C17"改为"R1"，参照图 5-14 所示的位置连续放置端口 R1～R16。放置完成后右击退出放置状态。

19.6　为各端口放置导线

单击工具栏上的"放置线"图标，为 32 个端口放置短导线，如图 5-15 所示。

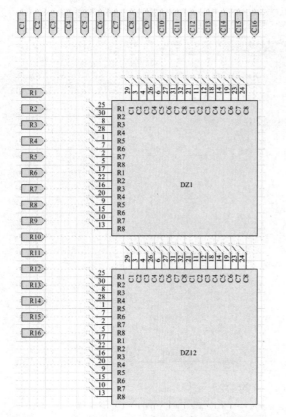

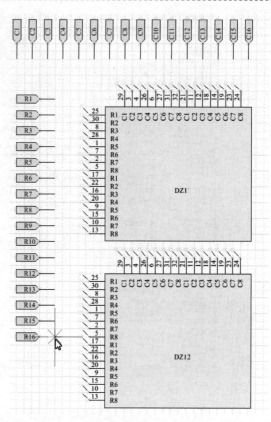

图 5-14　要放置的 16 个列端口和 16 个行端口　　　图 5-15　为 32 个端口放置短导线

19.7　为各端口放置总线进口

选择"放置"→"总线进口"菜单命令，在各端口导线端放置总线进口，如图 5-16 所示。

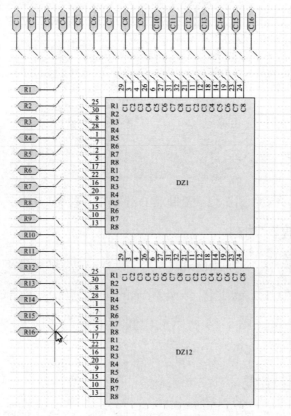

图 5-16　在各端口导线端放置总线进口

19.8 为总线进口放置总线

放置总线的菜单操作如图 5-17 所示，选择"放置"→"总线"菜单命令。

执行上述命令，绘制 4 条总线，如图 5-18 所示：移动鼠标光标中心，首先在 C1 端口上的总线进口端单击，然后向右移动光标中心到 C16 端口上的总线进口端单击，再向下移动光标中心至与 DZ12 元件（应为 DZ2 元件，重命名时误写为"DZ12"，后面有操作进行改正，见实操视频）列总线进口端对齐时单击，最后向左移动光标中心到 DZ12 元件的 29 引脚总线进口端单击并右击退出放置状态，画出第 1 条总线。移到光标中心到 DZ1 元件的 29 引脚上的总线进口端单击，再向右移动光标中心到第 1 条总线上单击，画出第 2 条总线。移动光标中心到 R8 端口上的总线进口端单击，再向上移动光标中心到 R1 端口上的总线进口端单击，然后向右移动光标中心到与 DZ1 元件的 16 只引脚总线进口端下对齐时单击，最后向下移动光标中心到 DZ1 元件的 13 引脚上的总线进口端单击并右击退出放置状态，画出第 3 条总线。将光标中心移到 R9 端口上的总线进口端单击，再向下移动光标中心到 R16 端口上的总线进口端单击，再向下移动光标中心到与 DZ12 元件的 13 引脚上的总线进口端对齐时单击，然后向右移动光标中心到 DZ12 元件的 13 引脚上的总线进口端单击，最后向上移动光标中心到 DZ12 元件的 25 引脚上的总线进口端单击并右击退出放置状态，画出第 4 条总线。

图 5-17 放置总线的菜单操作

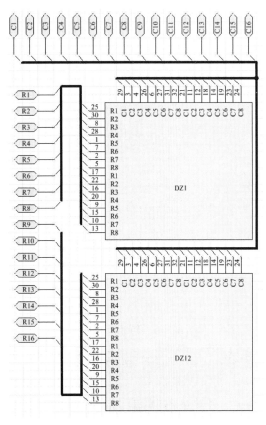

图 5-18 绘制 4 条总线

19.9 为点阵电路放置网络标号

选择"放置"→"网络标号"菜单命令，按"Tab"键，将网络标号修改为"C1"后，依次单击 C1～C16 端口引线端。按"Tab"键，将网络标号修改为"C1"，依次从左到右单击 DZ1 元件上边的引脚端（共 16 只引脚）。按"Tab"键，将网络标号修改为"C1"，依次从左到右单击 DZ2 元件上边的引脚端（共 16 只引脚）。

接下来，按"Tab"键，将网络标号修改为"R1"，从上到下依次单击 R1～R16 端口引线端。按"Tab"键，将网络标号修改为"R1"，先从上到下依次单击 DZ1 元件左边上面的 8 只引脚端，再从上到下依次单击 DZ2 元件左边上面的 8 只引脚端。按"Tab"键，将网络标号修改为"R1"，先从上到下依次单击 DZ1 元件左边下面的 8 只引脚端，再从上到下依次单击 DZ2 元件左边下面的 8 只引脚端，最后右击退出放置状态。

到此，就为点阵电路放置了 96 个网络标号。

图 5-19 所示为绘制完成的 16×16LED 点阵电路图。

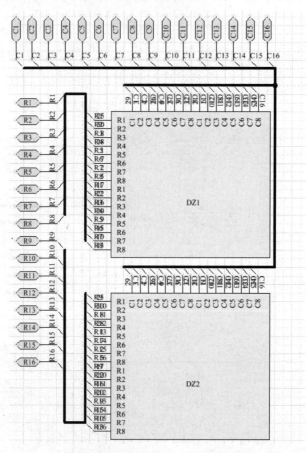

图 5-19　绘制完成的 16×16LED 点阵电路图

任务 20　绘制 LED16×16 点阵列驱动电路

20.1　建立点阵驱动电路图

先选择"文件"→"新建"→"原理图"菜单命令，再选择"文件"→"保存"菜单命令，保存点阵驱动电路图文件如图 5-20 所示，在"文件名"文本框中输入"王宏张伟的点阵驱动电路图"后，单击"保存"按钮。

20.2　放置两个 74HC595 和 16 个输出限流电阻

展开"库"面板，如图 5-21 所示，从"元件名称"选区中选择"74HC595"选项。

图 5-20　保存点阵驱动电路图文件

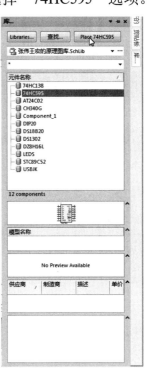

图 5-21　选择"74HC595"选项

单击"Place 74HC595"按钮后按"Tab"键，在弹出的元件属性对话框中进行属性设置：①将标识命名为"U6"；②显示注释为"74HC595"；③添加"SOP16"封装。元件属性设置完成后，移动光标中心并按三次空格键，以放置 U6、U7 元件。将 U6 元件的 1 引脚移到点（135，630）上单击，将 U7 元件的 1 引脚移到点（265，630）上单击，然后右击退出放置状态。调整两个元件标识和注释的位置。

接下来，展开"库"面板，从"元件名称"选区中选择"Res2"选项，单击"Place Res2"按钮后按"Tab"键，在弹出的元件属性对话框中进行属性设置：①将标识命名为"R22"；②不显示注释；③将标称值改为 120；④添加"C1206"封装。元件属性设置完成后，移动光标中心，放置 R22～R37 元件，如图 5-22 所示，依次将鼠标光标中心放在 U6 元件的 7 到 1 引脚端单击，然后以同样的间隔和高度单击空白处以放置 R29，再将光标中心依次放在 U7 元件的 7 到 1 引脚端单击，并以同样的间隔和高度单击空白处以放置 R37，最后右击退出放置状态。

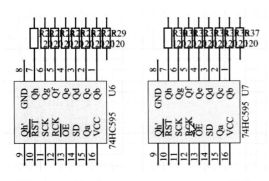

图 5-22　放置 U6、U7、R22～R37 元件

R22～R37 元件放置完毕后，将各电阻元件的标识名称移到相应电阻引脚的左边放置，各电阻元件的注释移到各电阻的符号体中放置。

20.3　放置 16 个列端口和连接导线

图 5-23 所示为 16 个列端口与 U6 和 U7 元件间的相关导线连接。选择"放置"→"端口"菜单命令，按"Tab"键，将端口名称修改为"C1"后按空格键，参见图 5-23 所示的位置放置 C1～C16 共 16 个端口，然后右击退出放置状态。

接下来，单击工具栏上的"放置线"图标，参见图 5-23 所示的位置先放置从 16 个电阻上引脚端到 16 个端口下引脚端的连接导线，再放置从 U6 元件的 15 引脚端到 R29 元件的下引脚端的连接导线、从 U7 元件的 15 引脚端到 R37 元件的下引脚端的连接导线。接着放置从 U6 元件的 14 引脚端到 U7 元件的 9 引脚端间的连接导线、从 U6 元件的 13 引脚端到 U7 元件的 13 引脚端间的连接导线、从 U6 元件的 12 引脚端到 U7 元件的 12 引脚端间的连接导线、从 U6 元件的 11 引脚端到 U7 元件的 11 引脚端间的连接导线、从 U6 元件的 10 引脚端到 U7 元件的 10 引脚端间的连接导线、从 U6 和 U7 两元件的 16 引脚端到两元件的 10 引脚端间连线的连接导线。连接导线放置完成后右击退出放置状态。

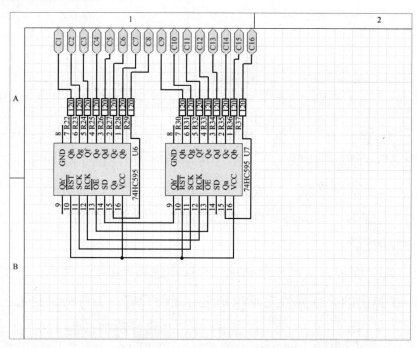

图 5-23　16 个列端口与 U6 和 U7 元件间的相关导线连接

20.4　放置电路接插件、连接导线及电源端口

展开"库"面板，在"元件名称"选区中选择"Header 2"选项。单击"Place Header 2"按钮后按"Tab"键，在弹出的元件属性对话框中进行属性设置：①将标识命名为"LJ5"；②不显示注释；③不添加封装。元件属性设置完成后，移动光标中心，按两次空格键，在 LJ5 元件的 2 引脚与 U6、U7 元件的 10 引脚间连线的角点对接时单击，最后右击退出放置状态。

再展开"库"面板，在"元件名称"选区中选择"Header 3×2"选项，如图 5-24 所示。单击"Place Header 3×2"按钮后按"Tab"键，在弹出的元件属性对话框中进行属性设置：①将标识命名为"PL1"；②不显示注释；③不添加封装。元件属性设置完成后，移动光标中心，在 PL1 元件的 1 引脚与 U6 元件的 10 引脚竖向对齐时单击，最后右击退出放置状态。

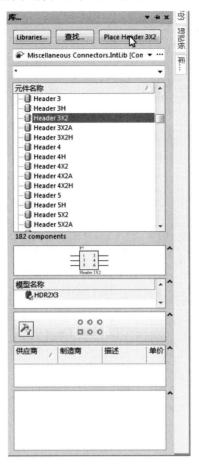

图 5-24　选择"Header 3×2"选项

单击工具栏上的"放置线"图标。移动光标中心，在 U7 元件与 U6 元件的 11 引脚间连线的角点上单击，然后竖直向下，在 PL1 元件的 2 引脚端单击；移动光标中心，在 U7 元件与 U6 元件的 12 引脚间连线的角点上单击，然后竖直向下，当光标中心与 PL1 元件的 4 引脚左对齐时，光标中心向左移到 PL1 元件的 4 引脚端单击；移动光标中心，在 U7 元件的 14 引脚端单击，然后竖直向下，在光标与 PL1 元件的 6 引脚左对齐时，光标中心向左移到 PL1 元件的 6 引脚端单击，然后右击退出放置状态。

单击工具栏上的"GND 电源端口"图标，移动光标中心，按三次空格键后，依次在 U6 元件的 8 引脚端、U7 元件的 8 引脚端单击，再按空格键，在 U7 元件的 13 引脚与 U6 元件的 13 引脚连线的角点上单击，最后右击退出放置状态。

单击工具栏上的"VCC 电源端口"图标，移动光标中心，按两次空格键后，在 LJ5 元件的 1 引脚端单击，最后右击退出放置状态。

依次选择"放置"→"端口"菜单命令，按"Tab"键，将端口名称命名为"P14"后，参照图 5-25 所示的位置，依次放置 P14～P16 三个端口，然后右击退出放置状态。

单击工具栏上的"放置线"图标，移动光标中心，参照图 5-25 所示的位置，依次将 P14 端口与 PL1 元件的 1 引脚端、P15 端口与 PL1 元件的 3 引脚端、P16 端口与 PL1 元件的 5 引脚端用导线连接，然后右击退出放置状态。

图 5-25 所示为绘制完成的 LED16×16 点阵列驱动电路。依次选择"文件"→"保存"菜单命令，保存实操作业。

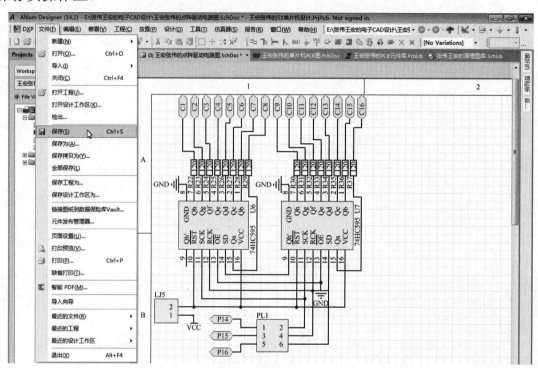

图 5-25　绘制完成的 LED16×16 点阵列驱动电路

用微课学·任务 21

🔍 任务 21　绘制 LED16×16 点阵行驱动电路

21.1　放置电路接插件、两个 74HC138 行驱动 IC 及 16 个行端口

展开"库"面板，如图 5-26 所示，在"元件名称"选区中选择"Header 4×2"选项。单击"Place Header 4×2"按钮后按"Tab"键，在弹出的元件属性对话框中进行属性设置：①将标识命名为"PL2"；②不显示注释；③不添加封装。元件属性设置完成后，移动光标中心，参照后面放置完成的图所示的位置放置该元件，然后右击退出放置状态。

展开"库"面板，如图 5-27 所示，在"元件名称"选区中选择"74HC138"选项，单击"Place 74HC138"按钮后按"Tab"键，在弹出的元件属性对话框中进行属性设置：①将标识命名为"U8"；②显示注释为"74HC138"；③添加"SOP16"封装。元件属性设置完成后，移动光标中心，参照图 5-28 所示的位置放置两个 74HC138 元件，然后右击退出放置状态。

接下来，选择"放置"→"端口"菜单命令，按"Tab"键，将端口名称修改为"R1"后按空格键，参照图 5-28 所示的位置放置 R1～R16 共 16 个端口，然后右击退出放置状态。

放置完成后的电路接插件、两个行驱动 IC 及 16 个行端口如图 5-28 所示。

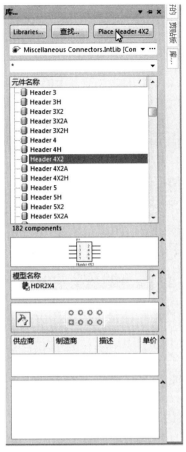

图 5-26　选择"Header 4×2"选项

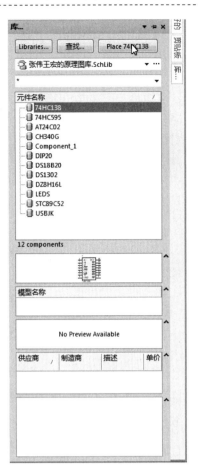

图 5-27　选择"74HC138"选项

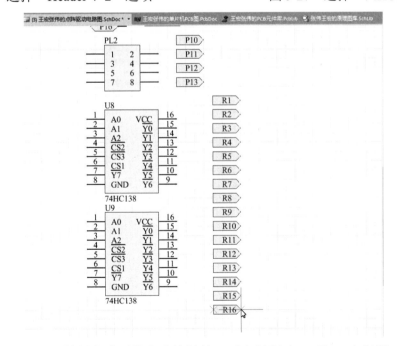

图 5-28　放置完成后的电路接插件、两个行驱动 IC 及 16 个行端口

21.2　放置连接导线

单击工具栏上的"放置线"图标，如图 5-29 所示，完成行驱动电路的导线连线，再右击退出放置状态。

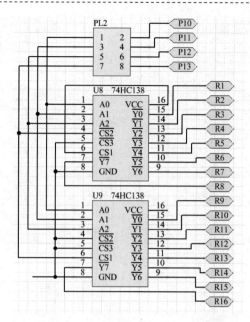

图 5-29　行驱动电路的导线连接

21.3　放置电源端口

单击工具栏上的"VCC 电源端口"图标，参照图 5-30 所示的位置放置两个"VCC 电源端口"，然后右击退出放置状态。

单击工具栏上的"GND 电源端口"图标，参照图 5-30 所示的位置放置一个"GND 电源端口"，然后右击退出放置状态。绘制完成的 LED16×16 点阵行驱动电路如图 5-30 所示。保存实操作业并退出。

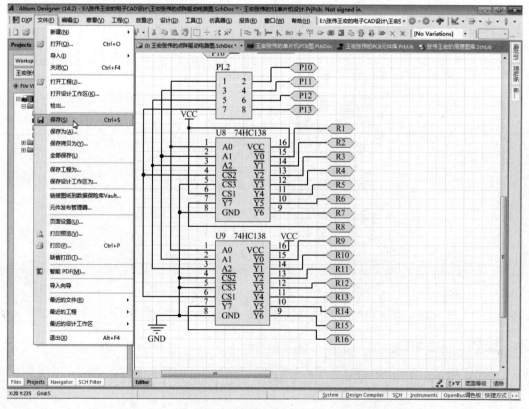

图 5-30　绘制完成的 LED16×16 点阵行驱动电路

任务 22　绘制和布局单片机扩展系统

用微课学·任务 22

22.1　绘制单片机扩展系统

22.1.1　建立层次原理图主图文件

选择"文件"→"新建"→"原理图"菜单命令，编辑区显示出新文件空白图。

选择"文件"→"保存"菜单命令，如图 5-31 所示，将文件保存为"张伟王宏的主原理图"。

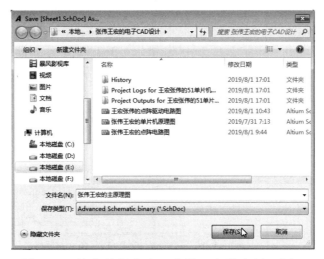

图 5-31　将文件保存为"张伟王宏的主原理图"

22.1.2　构建自下而上的层次原理图

用子原理图生成图表符如图 5-32 所示，选择"设计"→"HDL 文件或图纸生成图表符"菜单命令，系统弹出文件选择对话框，在对话框中选择"张伟王宏的单片机原理图.SchDoc"文件，如图 5-33 所示，然后单击"OK"按钮。

图 5-32　用子原理图生成图表符　　图 5-33　在对话框中选择"张伟王宏的单片机原理图.SchDoc"文件

上述操作完成后，系统在空白原理图界面边沿弹出一个图表符，用鼠标将其移至图纸左边。图 5-34 所示为选择"张伟王宏的单片机原理图.SchDoc"文件而得的图表符。

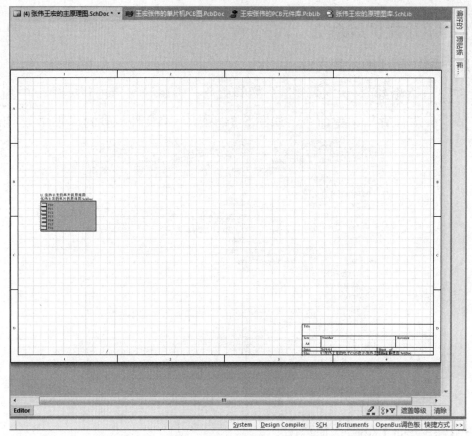

图 5-34　选择"张伟王宏的单片机原理图.SchDoc"文件而得的图表符

接下来，选择"设计"→"HDL 文件或图纸生成图表符"菜单命令，系统弹出文件选择对话框，在对话框中选择"王宏张伟的点阵驱动电路图.SchDoc"文件，如图 5-35 所示，然后单击"OK"按钮。

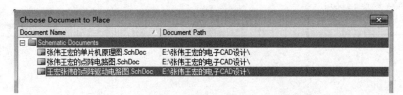

图 5-35　选择"王宏张伟的点阵驱动电路图.SchDoc"文件

上述操作完成后，系统在原理图界面边沿弹出一个图表符，用鼠标将其移至第一个图表符的右边。图 5-36 所示为有了两个图表符的主原理图。

再次选择"设计"→"HDL 文件或图纸生成图表符"菜单命令，系统弹出文件选择对话框，在对话框中选择"张伟王宏的点阵电路图.SchDoc"文件，如图 5-37 所示，然后单击"OK"按钮。

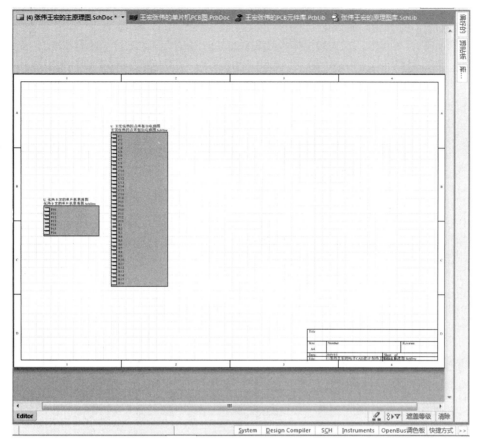

图 5-36　有了两个图表符的主原理图

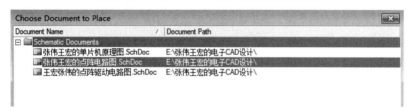

图 5-37　选择"张伟王宏的点阵电路图.SchDoc"文件

上述操作完成后，系统在原理图界面边沿弹出一个图表符，用鼠标将其移至第二个图表符的右边。图 5-38 所示为有了三个图表符的主原理图。

为连线方便，应将"王宏张伟的点阵驱动电路图.SchDoc"图表符中的列、行端口移至其图表符的右边。如图 5-39 所示，用鼠标框选 C1～C16 端口。

框选后，如图 5-40 所示，用鼠标将 16 个所选端口移至图表符右边。

用同样的方法，如图 5-41 所示，将 R1～R16 这 16 个端口移至图表符右边。

两两对应的三个图表符的同名端口如图 5-42 所示，先将"王宏张伟的点阵驱动电路图.SchDoc"图表符中的 P10～P16 这 7 个端口按顺序调整排列，再将"张伟王宏的单片机原理图.SchDoc"中的 P10～P16 端口移至图表符右边。

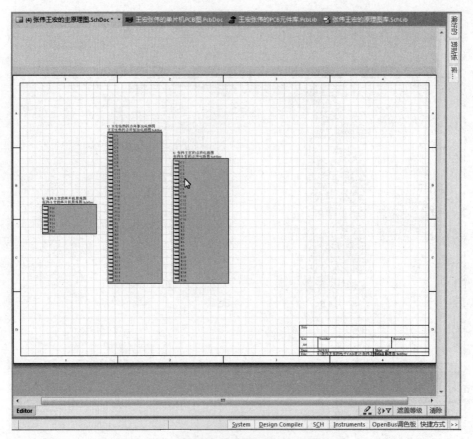

图 5-38　有了三个图表符的主原理图

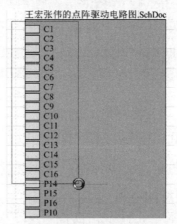

图 5-39　鼠标框选 C1～C16 端口

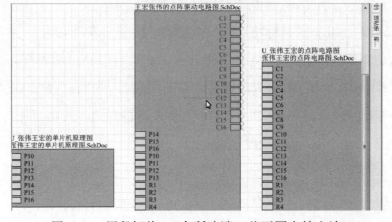

图 5-40　用鼠标将 16 个所选端口移至图表符右边

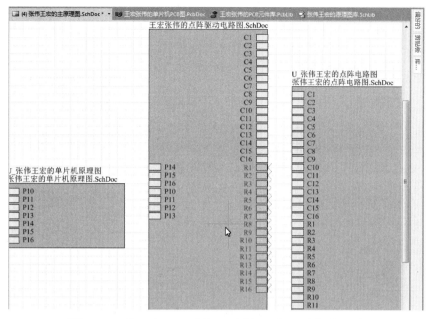

图 5-41　将 R1～R16 这 16 个端口移至图表符右边

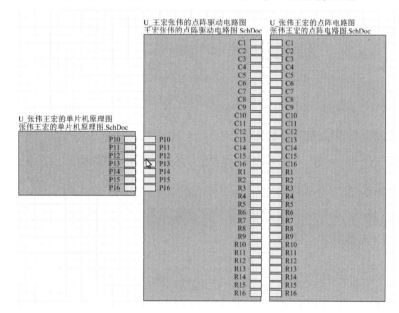

图 5-42　两两对应的三个图表符的同名端口

连接三个图表符的同名端口如图 5-43 所示。用导线将"张伟王宏的单片机原理图.SchDoc"图表符中的 7 个端口（P10～P16）与"王宏张伟的点阵驱动电路图.SchDoc"图表符中的 7 个端口（P10～P16）对应连接；将"王宏张伟的点阵驱动电路图.SchDoc"图表符中的 32 个端口（C1～C16、R1～R16）与"张伟王宏的点阵电路图.SchDoc"图表符中的 32 个端口（C1～C16、R1～R16）对应连接。上述连接全部完成后保存当前结果。

到此，就完成了用层次原理图扩充 LED16×16 点阵模块的单片机系统设计。

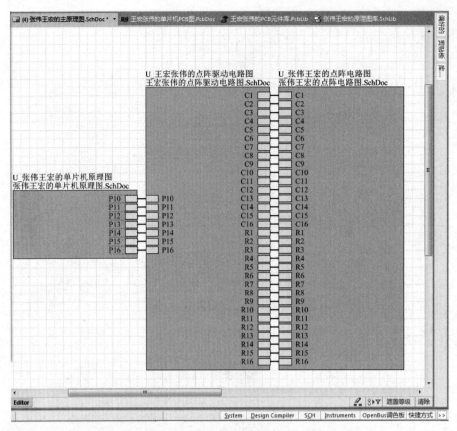

图 5-43　连接三个图表符的同名端口

22.1.3　生成主原理图的工程网络表

在主原理图界面上选择"设计"→"工程的网络表"→"PCAD"菜单命令，系统生成主原理图的工程网络表文件，如图 5-44 所示，在工程面板中打开这个文件，就显示出其内容。

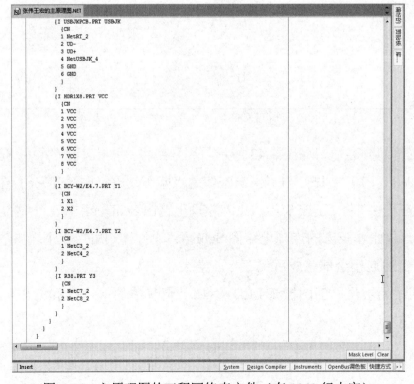

图 5-44　主原理图的工程网络表文件（有 1040 行内容）

为方便 CAD 设计，需将网络表文件"张伟王宏的主原理图.NET"关闭。

22.2 布局单片机扩展系统

用层次原理图更新 PCB 图，如图 5-45 所示，在主原理图界面上选择"设计"→"Update PCB Document 王宏张伟的单片机 PCB 图.PcbDoc"菜单命令。

上述命令执行后，系统弹出组件匹配对话框，如图 5-46 所示，单击"Yes"按钮。

图 5-45　用层次原理图更新 PCB 图

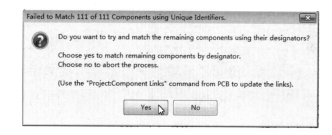

图 5-46　组件匹配对话框

单击"Yes"按钮后，弹出"工程更改顺序"对话框，如图 5-47 所示，先单击"执行更改"按钮，稍后再单击"生效更改"按钮，最后单击"关闭"按钮。

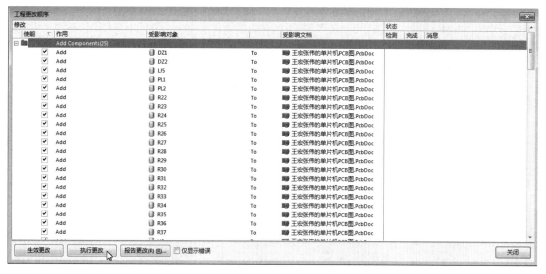

图 5-47　"工程更改顺序"对话框

关闭"工程更改顺序"对话框后，PCB 图中显示出图 5-48 所示的已布局的单片机系统 PCB和与三个子原理图对应的 ROM 元件盒。

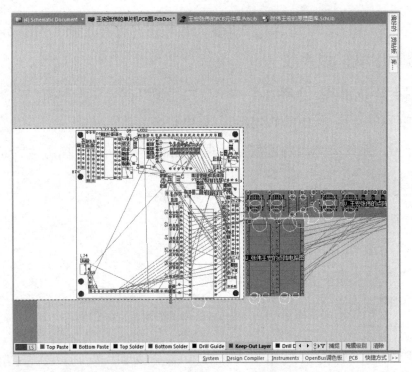

图 5-48　已布局的单片机系统 PCB 和与三个子原理图对应的 ROM 元件盒

接下来，选择"编辑"→"删除"菜单命令，将鼠标光标放在三个 ROM 元件盒中的空白处单击，删除三个 ROM 元件盒后，已布局的单片机系统和未布局的点阵电路及点阵驱动电路元件如图 5-49 所示。

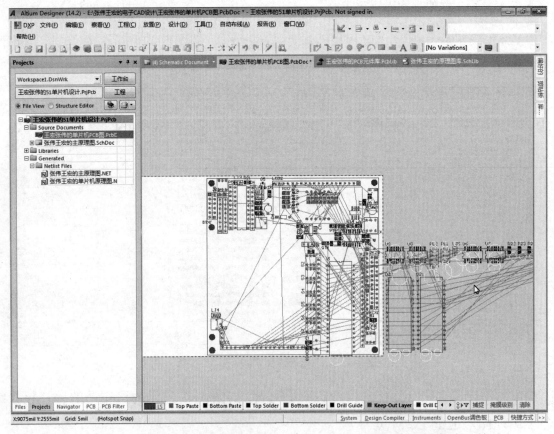

图 5-49　已布局的单片机系统和未布局的点阵电路及点阵驱动电路元件

接下来，如图 5-50 所示，移动 DZ1、DZ2 元件并将其旋转成横放（标记向左）形态。

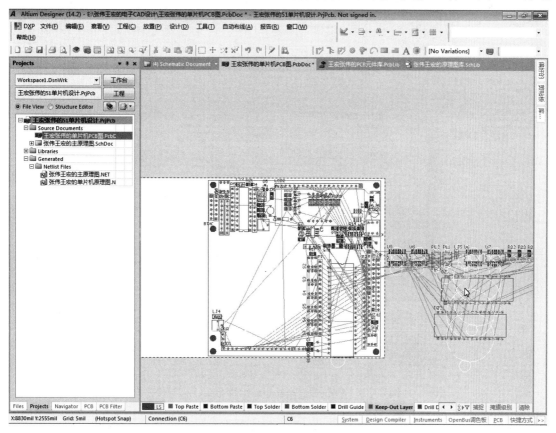

图 5-50　移动 DZ1、DZ2 元件并将其旋转成横放（标记向左）形态

双击 DZ1 元件，在系统弹出的"元件 DZ1"对话框中，用 DZ1 元件的坐标定位 DZ1 元件如图 5-51 所示，将"X 轴位置"修改为"4365mil"，"Y 轴位置"修改为"3165"，勾选"锁定原始的"复选框后单击"确定"按钮。双击 DZ2 元件，在系统弹出的"元件 DZ2"对话框中，用 DZ2 元件的坐标定位 DZ2 元件如图 5-52 所示，将"X 轴位置"修改为"4365mil"，"Y 轴位置"修改为"2365mil"，勾选"锁定原始的"复选框后单击"确定"按钮。

图 5-51　用 DZ1 元件的坐标定位 DZ1 元件　　　图 5-52　用 DZ2 元件的坐标定位 DZ2 元件

用修改坐标值的方法完成定位后，DZ1 元件与 U5 元件的挤压情形如图 5-53 所示，需将 U5 元件向右移动。

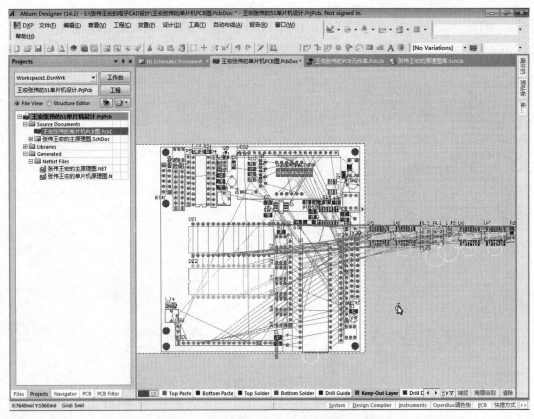

图 5-53　DZ1 元件与 U5 元件的挤压情形

U5 元件右移后，将 U8 元件、U9 元件基本布局到位，再将 PL2 接插件、PL1 接插件、LJ5 元件、U6 元件、U7 元件等大体布局到位。图 5-54 所示为 U6～U9 等元件的初步布局。

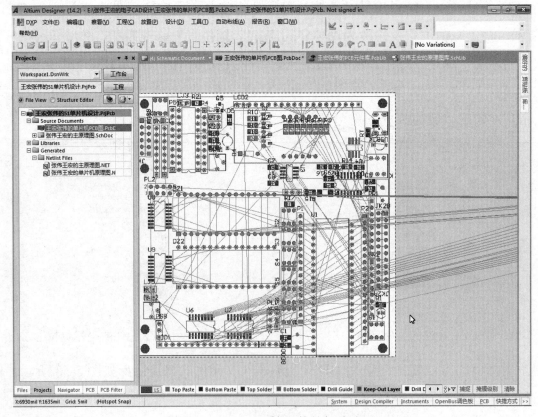

图 5-54　U6～U9 等元件的初步布局

接下来进行 R22～R37 这 16 个元件的布局。R22～R37 元件的初始排列如图 5-55 所示。

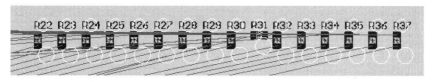

图 5-55　R22～R37 元件的初始排列

在图 5-55 所示的情形中，先将 R31 元件旋转 90°，然后以 R31 元件为中心，按照原来的排列顺序，从中间开始逐一将两边的元件向中心靠拢，如图 5-56 所示。接下来如图 5-57 所示，用鼠标框选 R22～R37 这 16 个元件。

图 5-56　将两边的元件向中心靠拢

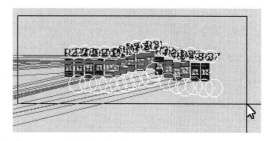

图 5-57　用鼠标框选 R22～R37 这 16 个元件

框选住这 16 个元件后，选择"编辑"→"对齐"→"顶对齐"菜单命令，系统就把这 16 个元件排成上下对齐的一条水平直线。图 5-58 所示为使多个元件上下对齐的顶对齐操作。

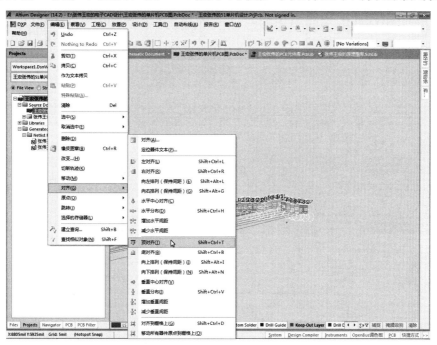

图 5-58　使多个元件上下对齐的顶对齐操作

16 个元件的上下端对齐后，使多个元件在水平方向上均匀间隔，如图 5-59 所示，选择"编辑"→"对齐"→"水平分布"菜单命令，系统就把这 16 个元件间的水平间隔调为一致。

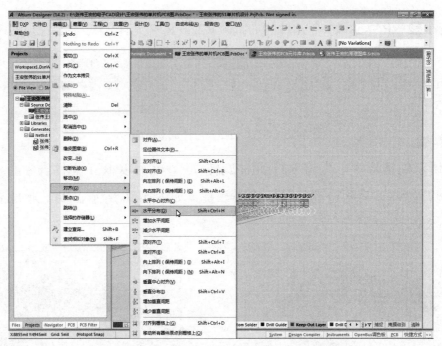

图 5-59　使多个元件在水平方向上均匀间隔

　　两次对齐操作完成后，R22～R37 这 16 个元件仍处于被选中状态，将光标中心移到所选元件上按住左键不放并向左移至 DZ2 元件下方后单击，完成这 16 个元件的布局。若这 16 个元件的总宽度较小，可将 R22 元件向左移动一点距离，然后用鼠标框选这 16 个元件，再进行同样的对齐操作，以使这 16 个元件间的间隔增大一些便于焊接。图 5-60 所示为将 R22 元件向左移动以进行新的对齐操作。

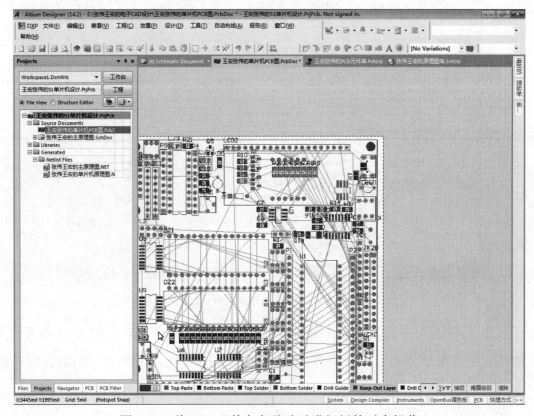

图 5-60　将 R22 元件向左移动以进行新的对齐操作

此后，可重新微调 U6、U7 元件及其他元件的位置。完成了 LED16×16 点阵扩充模块布局后的单片机电路板 PCB 图如图 5-61 所示。

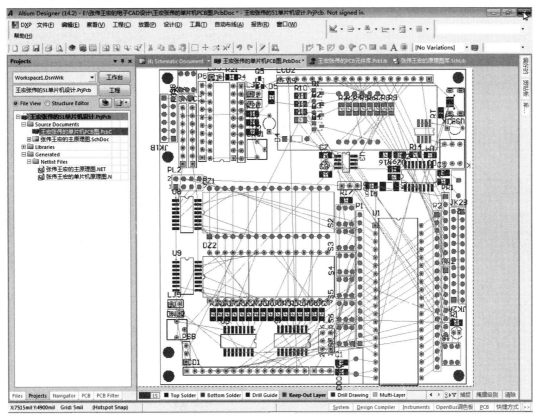

图 5-61　完成了 LED16×16 点阵扩充模块布局后的单片机电路板 PCB 图

🔍 任务 23　规范 PCB 元件的标识和注释

用微课学·任务 23

23.1　规范 PCB 元件的标识

23.1.1　统一减小元件标识符文本的高度

在 PCB 图设计界面上，右击文本"U9"，如图 5-62 所示，在其右键菜单中选择"查找相似对象"选项。上述命令执行后，如图 5-63 所示，系统弹出"发现相似目标"对话框。

在该对话框中，把"Text Height"的属性由"Any"改为"Same"，然后如图 5-64 所示，只勾选"选择匹配"和"运行监测仪"复选框，单击"确定"按钮后，在系统弹出的"PCB Inspector"对话框中，如图 5-65 所示，找到"Text Height"的属性值"60mil"。

如图 5-66 所示，将"Text Height"的属性值改为"30mil"，按回车键，系统执行对文本高度的修改，稍后可看到 PCB 图中所有文本的高度减小。图 5-67 所示为文本高度已减小的单片机电路板 PCB 图。

图 5-62　在右键菜单中选择"查找相似对象"选项

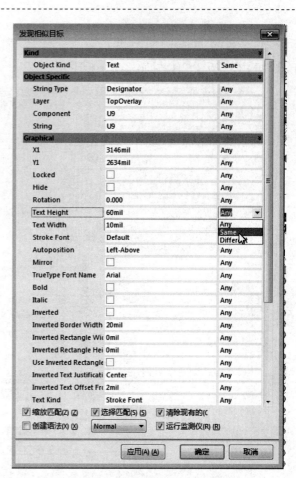

图 5-63　"发现相似目标"对话框

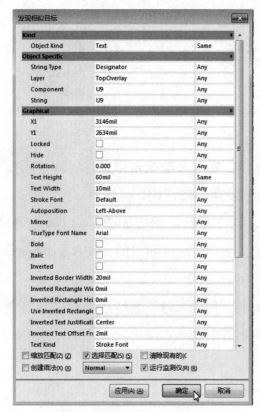

图 5-64　只勾选"选择匹配"
和"运行监测仪"复选框

图 5-65　找到"Text Height"的
属性值"60mil"

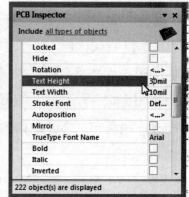

图 5-66　将"Text Height"的
属性值改为"30mil"

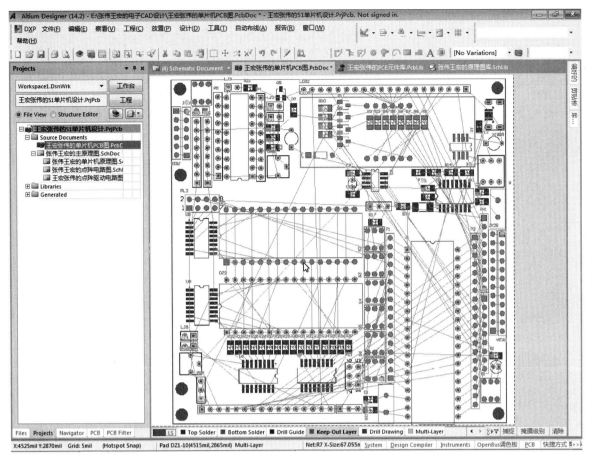

图 5-67　文本高度已减小的单片机电路板 PCB 图

23.1.2　统一调整元件标识符文本的位置

单击 U6 元件，再按"Ctrl+A"组合键，选中 PCB 图中的所有元件。元件全部选定后，按"A"键，如图 5-68 所示，在弹出的快捷菜单中选择"定位器件文本"选项。

图 5-68　在弹出的快捷菜单中选择"定位器件文本"选项

单击"定位器件文本"选项后，系统弹出"器件文本位置"对话框，其中的位号就是原理图中定义的元件标识。图 5-69 所示为初始不改变器件文本位置。若按"2"键，则文本定位在器件上边，如图 5-70 所示；若按"4"键，则文本定位在器件左边，如图 5-71 所示；若按"6"键，则文本定位在器件右边，如图 5-72 所示；若按"8"键，则文本定位在器件下边，如图 5-73 所示；若按"5"键，则文本定位在器件中心，如图 5-74 所示。

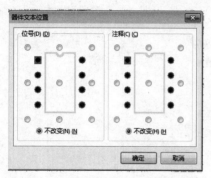

图 5-69　初始不改变器件文本位置

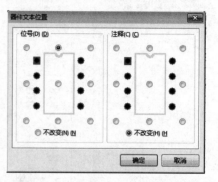

图 5-70　文本定位在器件上边

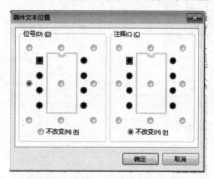

图 5-71　文本定位在器件左边

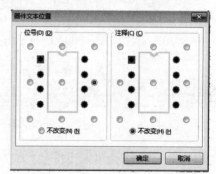

图 5-72　文本定位在器件右边

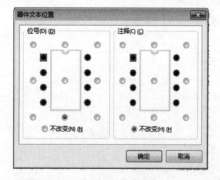

图 5-73　文本定位在器件下边

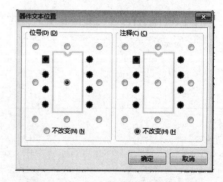

图 5-74　文本定位在器件中心

在此说明，器件文本分为位号（标识）和注释，两者都是在画原理图时定义的。

结合本书的布局实际，本书先将所有器件的位号文本位置统一处理为位于器件中心，再根据个别器件的具体情况进行相应调整。因此，在观测过程中，依次按了"2""4""6""8""5"键后，单击"确定"按钮，即在 PCB 图中，所有器件的位号文本定位在该器件中心，如图 5-75 所示。

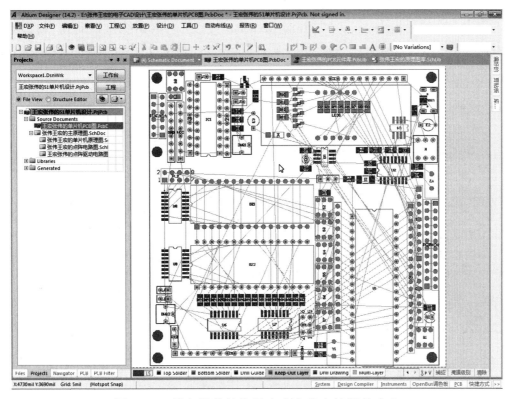

图 5-75　所有器件的位号文本定位在该器件中心

23.1.3　调整部分元件标识符文本的位置

对大多数元件而言，其标识符文本定位在中心位置是很合适的，如那些用 C1206 封装且两个焊盘是上下排列的众多元件。但对个别元件而言，标识符文本定位在中心位置就不大适合了，例如，若 P1 元件的标识符文本被系统准确地定位在其几何中心，由于该几何中心就是 9 号焊盘，标识"P1"就被 9 号焊盘遮挡住而显示不出来，因此就需要调整。方法是，用鼠标双击 9 号焊盘，系统弹出操作选择对话框，如图 5-76 所示。

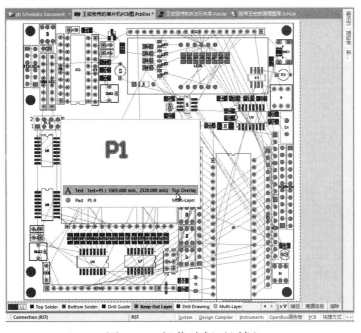

图 5-76　操作选择对话框

在图 5-76 所示的对话框中，选择"Text Text=P1"选项，则系统可以确定要操作的对象，就能如图 5-77 所示，将 P1 元件的标识符文本"P1"移到该元件的上边。接下来，对 P2、JK1A、JK1B、GND、VCC 等元件重复同样的操作。调整的基本原则是，凡是元件的标识符文本被元件的焊盘遮挡的，就应当将其标识符文本移到该元件的上边或下边（左边或右边）。

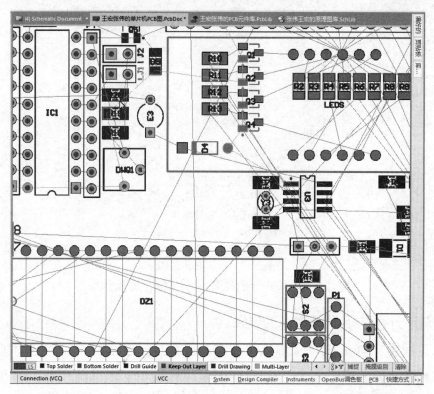

图 5-77　将 P1 元件的标识符文本"P1"移到该元件的上边

对于用 C1206 封装但两个焊盘是左右排列的那些元件，要把标识符文本的横向排列改为竖向排列。如单击 R20 元件，在系统提示的操作选择项中选择"Text　Text=R20"选项，如图 5-78 所示，即选择该标识符文本进行移动。

图 5-78　选择"Text　Text=R20"选项

在移动标识符文本时，光标变成十字形状，标识符文本位于十字光标的第 1 象限，如图 5-79 所示。

这时要按空格键，让标识符文本出现在十字光标的第 2 象限，如图 5-80 所示。

光标在图 5-80 所示的位置时单击，完成标识符文本方向的调整。以此类推，凡两个焊盘呈左右排列的元件（C1206 封装），都要将标识符文本旋转到十字光标的第 2 象限后再进行放置。

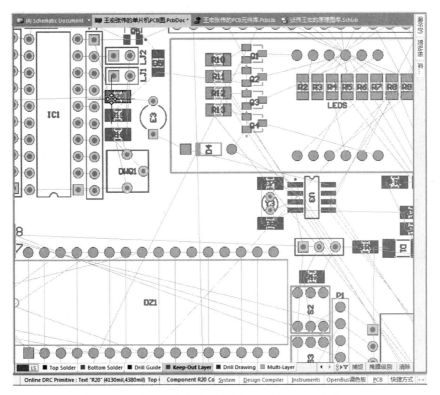

图 5-79　标识符文本位于十字光标的第 1 象限

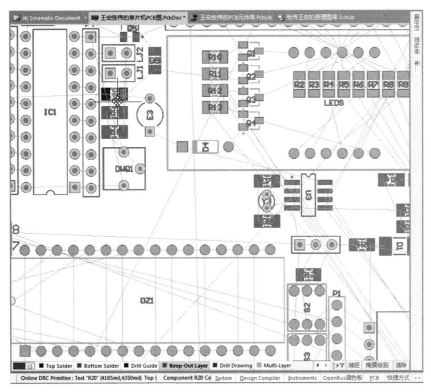

图 5-80　让标识符文本出现在十字光标的第 2 象限

有些元件要恢复注释显示，其标识符文本不应在元件中心，而应在元件有方向标记的那一端，如图 5-81 所示，将 U8 元件的位号"U8"移至该元件方向标记端（上端）。U1～U7 元件也做相同处理。

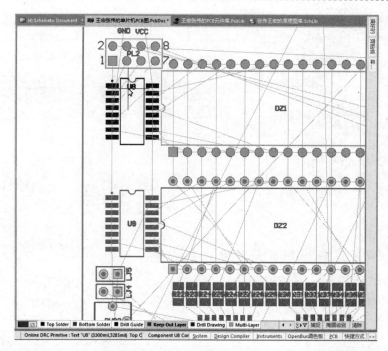

图 5-81　将 U8 元件的位号 "U8" 移至该元件方向标记端（上端）

23.2　打开元件的注释显示

PCB 图在默认情况下，是不显示元件的注释的，要显示元件的注释，需在元件的属性对话框中取消勾选 "注释" 选区的 "隐藏" 复选框。双击 U8 元件，在系统弹出的 "元件 U8" 对话框中，取消勾选 "注释" 选区中的 "隐藏" 复选框，如图 5-82 所示。

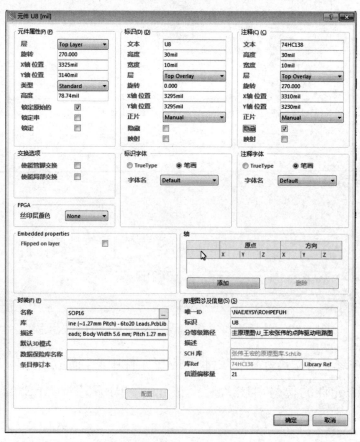

图 5-82　取消勾选 "注释" 选区中的 "隐藏" 复选框

单击"确定"按钮，如图 5-83 所示，U8 元件下方显示出其注释"74HC138"。

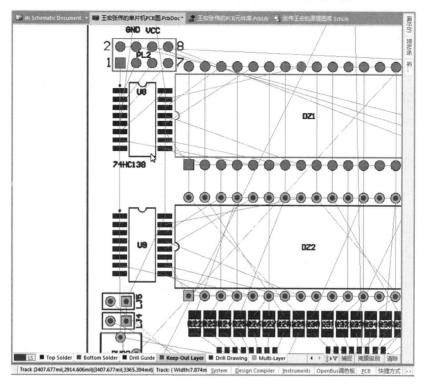

图 5-83　U8 元件下方显示出其注释"74HC138"

为显示规范，如图 5-84 所示，将该注释移至 U8 元件内完整显示。

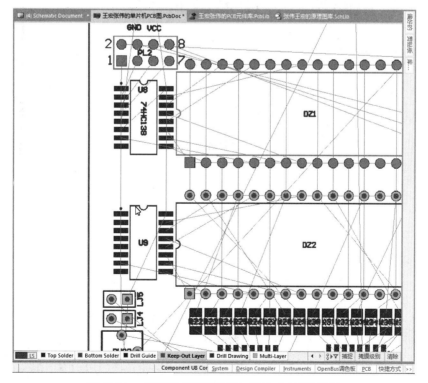

图 5-84　将该注释移至 U8 元件内完整显示

按同样的方法，打开并规范 U9、U1～U7 等元件的注释显示。规范 PCB 元件的标识和注释后的单片机电路板 PCB 图如图 5-85 所示。

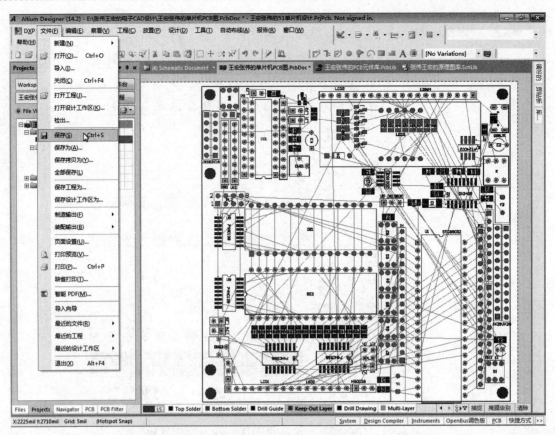

图 5-85 规范 PCB 元件的标识和注释后的单片机电路板 PCB 图

任务 24　给电路板标注附加说明文字

用微课学·任务 24

24.1　标注元件电极标志

如图 5-86 所示，在 PCB 图设计界面上选择"放置"→"字符串"菜单命令，按"Tab"键，在弹出的"串"对话框中，设置字符串的相关属性。如图 5-87 所示，在"文本"文本框中输入"c"，"层"选择"Top Overlay"，"字体"单选为"比划"，"Height"值改为"30mil"，然后单击"确定"按钮。

上述操作完成后，十字光标上带着一个"c"字符待放置。为 Q1 元件放置集电极标志如图 5-88 所示，移动光标至 Q1 元件左边单击，就给 Q1 元件的集电极放置了一个集电极标志 c，再分别移动光标至 Q2 元件左边、Q3 元件左边、Q4 元件左边、Q5 元件上边单击，就依次为 Q2～Q5 元件的集电极放置了集电极标志 c。

按"Tab"键，将"文本"的"c"改为"b"并单击"确定"按钮，依次为 Q5、Q1～Q4 元件放置基极标志 b。按"Tab"键，将"文本"的"b"改为"+"并单击"确定"按钮，依次为 D5 元件（下边）、D1 元件（左边）、D3 元件（右边）、D2 元件（右边）放置正极标志。按"Tab"键，将"文本"的"+"改为"VCC"并单击"确定"按钮，依次为 U5、HS0038 元件放置正电源标志。按"Tab"键，将"文本"的"VCC"改为"GND"并单击"确定"按钮，依次为 HS0038、U5 元件放置接地标志。按"Tab"键，将"文本"的"GND"改为"DQ"并单击"确定"按钮，为 U5 元件放置信号引脚标志。按"Tab"键，将"文本"的"DQ"改为"HS"并单击"确定"

按钮，为 HS0038 元件放置信号引脚标志。

图 5-86 选择"放置"→"字符串"两级菜单命令　　　　图 5-87 设置字符串的相关属性

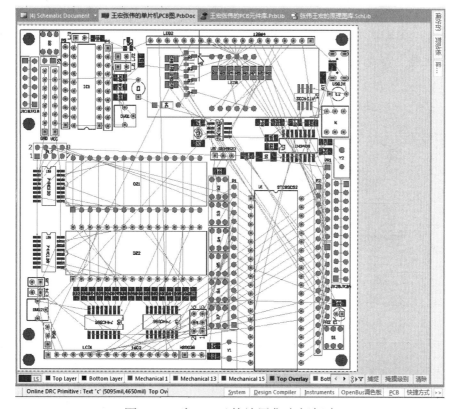

图 5-88 为 Q1 元件放置集电极标志

24.2　分类标注元件标值

按"Tab"键，在弹出的"串"对话框中输入各电阻元件的参考值，如图 5-89 所示，在"文本"文本框中输入"R1,R10～R13:5.1K R2～R9,R14:1K R15～R21:10K R22～R37:110 PR1,PR2:10K*8"。单击"确定"按钮后，按空格键（字符串顺序为从下到上），如图 5-90 所示，正面字符串为下对齐放置。

图 5-89　输入各电阻元件参考值

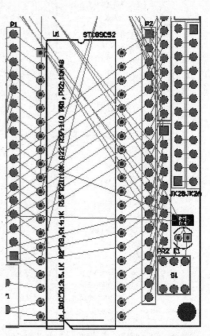

图 5-90　正面字符串为下对齐放置

　　按"Tab"键，在弹出的"串"对话框的"属性"选区内，将"层"改为"Bottom Overlay"（背面）并勾选"映射"复选框，如图 5-91 所示，单击"确定"按钮后，如图 5-92 所示，背面字符串为上对齐放置。

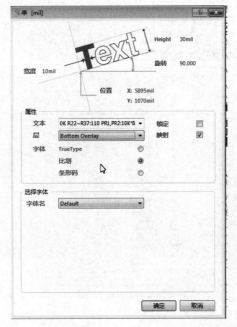

图 5-91　将"层"改为"Bottom Overlay"并勾选"映射"复选框

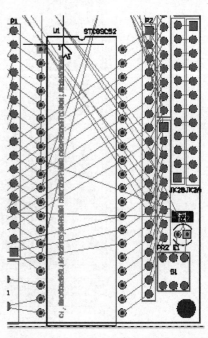

图 5-92　背面字符串为上对齐放置

　　按"Tab"键，输入电容元件的参考值，如图 5-93 所示，在"文本"文本框中输入"C1,C2:30P

C3,C4:20P C5,C6:0.1U C7,C8:15P E1:4.7U E2:470U E3:47U"。单击"确定"按钮后，如图 5-94 所示，背面字符串为上对齐放置。

图 5-93　输入电容元件的参考值

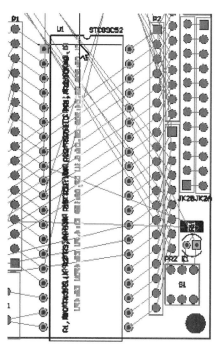

图 5-94　背面字符串为上对齐放置

按"Tab"键，如图 5-95 所示，将"层"改为"Top Overlay"（正面）并取消勾选"映射"复选框，单击"确定"按钮后，如图 5-96 所示，正面字符串为下对齐放置。

图 5-95　将"层"改为"Top Overlay"（正面）并去掉
"映射"复选框的勾选

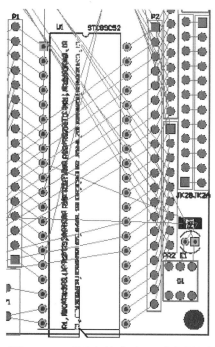

图 5-96　正面字符串为下对齐放置

按"Tab"键，输入晶体管及晶体元件的参考值，如图 5-97 所示，在"文本"文本框中输入"D1:SS14 D2,D3,D5:LED D4:1N4148 Q1～Q4:PNP Q5:NPN Y2:12M Y3:32768"。单击"确定"按

钮后，如图 5-98 所示，正面字符串为下对齐放置。

图 5-97　输入晶体管及晶体元件的参考值

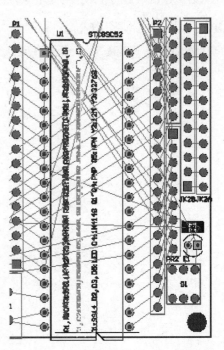

图 5-98　正面字符串为下对齐放置

按"Tab"键，如图 5-99 所示，将"层"改为"Bottom Overlay"（背面）并勾选"映射"复选框，单击"确定"按钮后，如图 5-100 所示，背面字符串为上对齐放置。

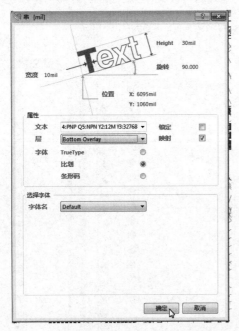

图 5-99　将"层"改为"Bottom Overlay"（背面）
并勾选"映射"复选框

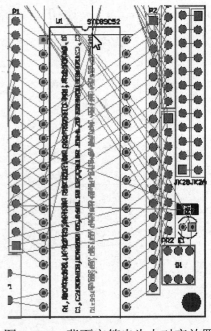

图 5-100　背面字符串为上对齐放置

按"Tab"键，输入按键和自恢复保险数据，如图 5-101 所示，在"文本"文本框中输入"S1～S8:7 乘 7 无锁按钮　K:8 乘 8 带锁按键　RT:0805 自恢复保险电阻"，"Height"值改为"60mil"，单击"确定"按钮后，如图 5-102 所示，背面字符串为上对齐放置。

图 5-101　输入按键和自恢复保险数据

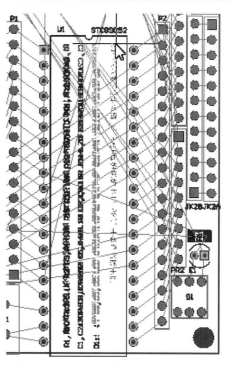

图 5-102　背面字符串为上对齐放置

　　按"Tab"键，如图 5-103 所示，将"层"改为"Top Overlay"（正面）并取消勾选"映射"复选框，单击"确定"按钮后，如图 5-104 所示，正面字符串为下对齐放置。

图 5-103　将"层"改为"Top Overlay"（正面）
并去掉"映射"复选框的勾选

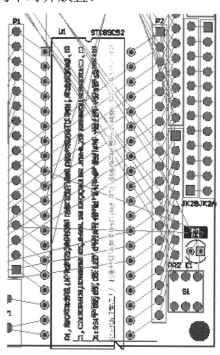

图 5-104　正面字符串为下对齐放置

　　按"Tab"键，在弹出的对话框中修改字符串属性，如图 5-105 所示，在"文本"文本框中输入"四位共阳数码管"，将"Height"值改为"80mil"，再勾选"反向的"复选框，单击"确定"按钮后，如图 5-106 所示，将字符串放置在数码管封装内。

图 5-105　修改字符串属性

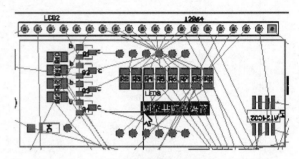

图 5-106　将字符串放置在数码管封装内

　　按"Tab"键，如图 5-107 所示，将"层"改为"Bottom Overlay"（背面）。单击"确定"按钮后，如图 5-108 所示，将字符串放置在数码管封装内。

图 5-107　将"层"改为"Bottom Overlay"

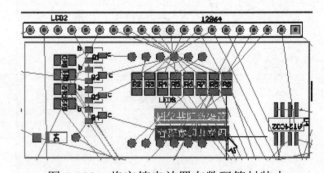

图 5-108　将字符串放置在数码管封装内

　　按"Tab"键，设置串属性，如图 5-109 所示，在"文本"文本框中输入"SZ420788K"，将"Height"值改为"60mil"，将"层"改为"Top Overlay"，选中"比划"单选按钮，单击"确定"按钮后，放置四个字符串，如图 5-110 所示，在 DZ1 元件封装内左右放置两个字符串，在 DZ2 元件封装内左右放置两个字符串。

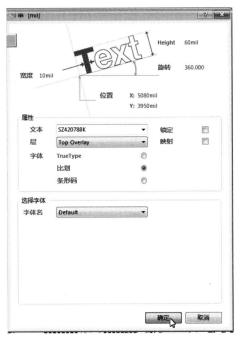

图 5-109　设置串属性

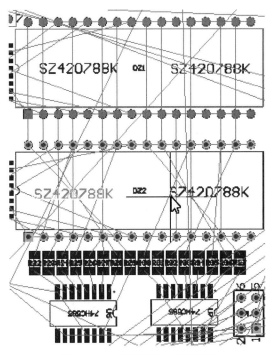

图 5-110　放置四个字符串

放置了四个"SZ420788K"字符串后，右击退出放置状态。到此，如图 5-111 所示，完成了各器件的规格参数标注。

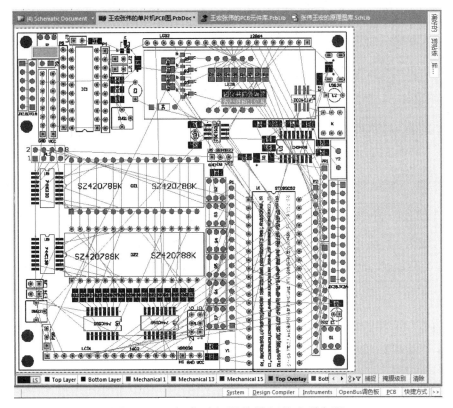

图 5-111　完成了各器件的规格参数标注

任务25 设置布线规则和规则检测

25.1 修改和添加文字

在 PCB 图中，如图 5-112 所示，单击 PL2 元件的引脚标号"2"，再选择"Text　Text=2"选项。

选择文本后鼠标移到引脚标号"2"上单击，再按"Tab"键，修改文本和文本高度，如图 5-113 所示，在弹出的"串"对话框中，将"文本"的"2"改为"A0"，将"Height"值改为"30mil"。

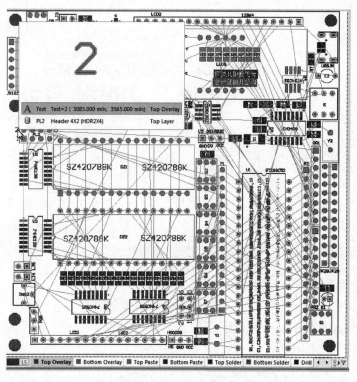

图 5-112　单击 PL2 元件的引脚标号"2"

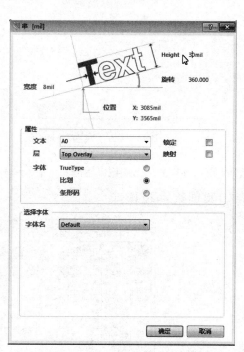

图 5-113　修改文本和文本高度

单击"确定"按钮后，按空格键旋转"A0"至十字光标的第 2 象限，然后如图 5-114 所示放置 A0。用同样的方法，将"文本"的"2"修改为"A1"，其高度修改为"30mil"；将"文本"的"7"修改为"A2"，其高度修改为"30mil"；将"文本"的"8"修改为"A3"，其高度修改为"30mil"；参照图 5-115 所示的位置放置"A1""A2""A3"。图 5-115 所示为 PL2 元件中 A1～A3 的放置。

接下来处理 PL1 元件的四个文字。用同样的方法，将"文本"的"6"修改为"SD"，其高度修改为"30mil"；将"文本"的"5"修改为"RCK"，其高度修改为"30mil"；将"文本"的"2"修改为"SCK"，其高度修改为"30mil"。图 5-116 所示为 PL1 元件中 SD、RCK、SCK 的放置，再将"文本"的"1"修改为空白即可。

接下来，选择"放置"→"字符串"菜单命令，按"Tab"键，修改文本、字体和高度，如图 5-117 所示，在"文本"文本框中输入"51 单片机实验板"，将"Height"值改为"150mil"，"字体"单选为"TrueType"，单击"确定"按钮并如图 5-118 所示在正面放置文本。

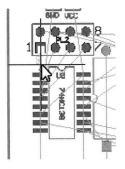

图 5-114 放置 A0

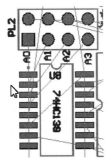

图 5-115 PL2 元件中 A1～
A3 的放置

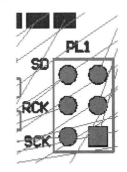

图 5-116 PL1 元件中 SD、RCK、
SCK 的放置

图 5-117 修改文本、字体和高度

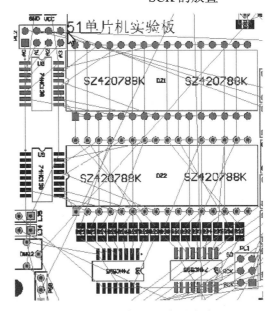

图 5-118 在正面放置文本

按"Tab"键,如图 5-119 所示,将"层"改为"Bottom Overlay"并勾选"映射"复选框。单击"确定"按钮后,如图 5-120 所示,在背面放置文本。

图 5-119 将"层"改为"Bottom Overlay"
并勾选"映射"复选框

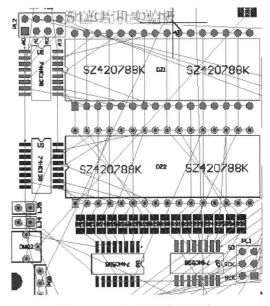

图 5-120 在背面放置文本

按"Tab"键，修改文本及其高度，如图 5-121 所示，在"文本"文本框中输入"张伟王宏制作"，将"层"改为"Bottom Overlay"并勾选"映射"复选框，单击"确定"按钮后，如图 5-122 所示，在背面放置文本。

图 5-121　修改文本及其高度

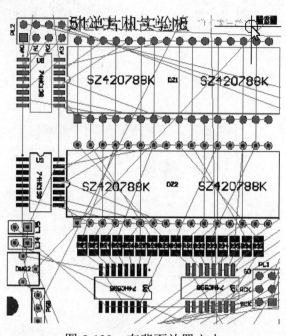

图 5-122　在背面放置文本

按"Tab"键，如图 5-123 所示，将"层"改为"Top Overlay"并取消勾选"映射"复选框，单击"确定"按钮后，如图 5-124 所示，在正面放置文本。放置完成后右击退出放置状态。

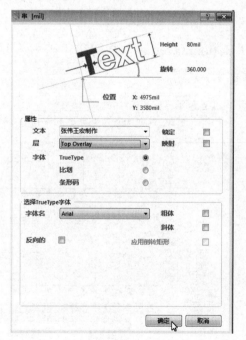

图 5-123　将"层"改为"Top Overlay"并取消勾选
"映射"复选框

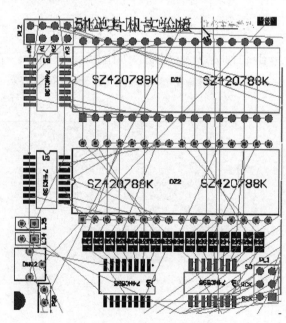

图 5-124　在正面放置文本

25.2　设置布线规则

执行"规则"操作如图 5-125 所示，在 PCB 图设计界面上选择"设计"→"规则"菜单命令。

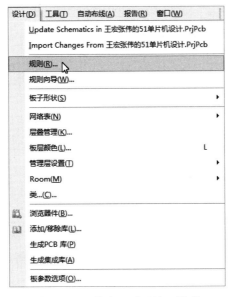

图 5-125　执行"规则"操作

上述命令执行后，系统弹出"PCB 规则及约束编辑器"对话框，展开"Routing"（路由）规则，再展开"Width"（宽度）子项并右击，在右键菜单中选择"新规则"选项。图 5-126 所示为执行"新规则"命令。

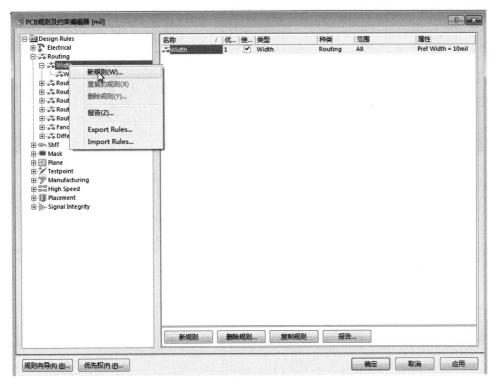

图 5-126　执行"新规则"命令

右键菜单命令执行后，如图 5-127 所示，左右两边显示出新规则默认名"Width_1"。

在左边规则目录中单击新规则默认名"Width_1"，则右边显示出该规则的约束编辑器，如图 5-128 所示。

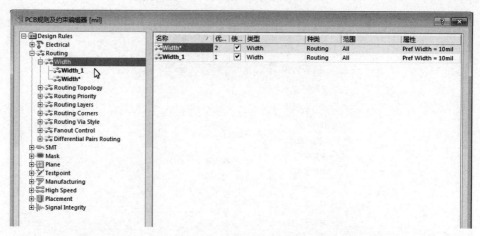

图 5-127　左右两边显示出新规则默认名"Width_1"

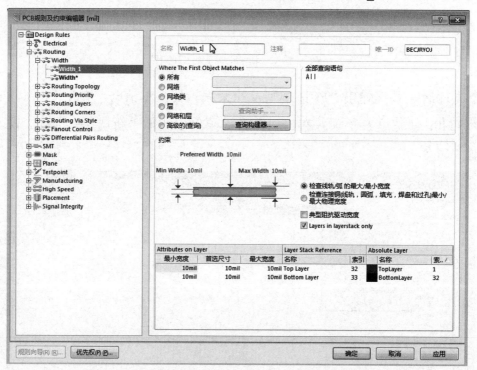

图 5-128　右边显示出"Width_1"规则的约束编辑器

"GND"规则各项的设置如图 5-129 所示，首先将"名称"改为"GND"，然后选中"网络"单选按钮，通过滑动条从"网络"下拉列表中选取"GND"，接下来将"最小宽度""首选尺寸""最大宽度"的 6 个值由"10mil"改为"30mil"，最后单击"应用"按钮。

用同样的方法新建一个"VCC"规则，"VCC"规则各项的设置如图 5-130 所示，首先将"名称"改为"VCC"，然后选中"网络"单选按钮，通过滑动条从"网络"下拉列表中选取"VCC"，接下来将"最小宽度""首选尺寸""最大宽度"的 6 个值由"10mil"改为"30mil"，最后单击"应用"按钮。

图 5-129   "GND"规则各项的设置

图 5-130   "VCC"规则各项的设置

接下来，修改"Width*"规则的 6 个值，如图 5-131 所示，首先在左边的规则列表中单击"Width*"规则，将其"最小宽度""首选尺寸""最大宽度"的 6 个值由"10mil"改为"15mil"，完成后单击"应用"按钮。

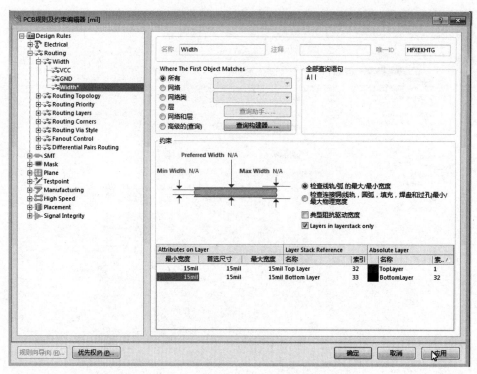

图 5-131　修改 "Width*" 规则的 6 个值

单击左下方的"优先权"按钮，系统弹出"编辑规则优先权"对话框，三个规则的优先权排列如图 5-132 所示，从该对话框可知，"VCC"规则的优先权最高，"GND"规则次之，"Width"规则最低。

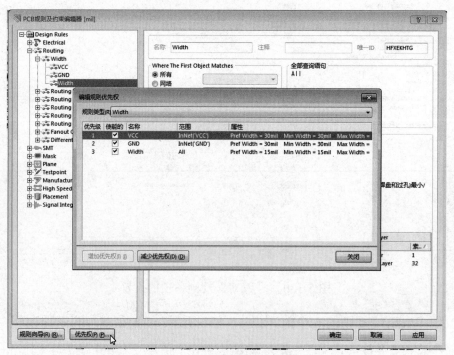

图 5-132　三个规则的优先权排列

单击图 5-132 所示界面中的"GND"规则，如图 5-133 所示，"增加优先权"按钮变为可用。

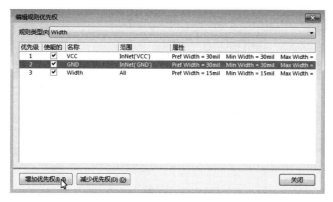

图 5-133　"增加优先权"按钮变为可用

单击"增加优先权"按钮后，如图 5-134 所示，"GND"规则的优先权上升为最高级（1 级）。

图 5-134　"GND"规则的优先权上升为最高级

接下来，先单击"编辑规则优先权"对话框中的"关闭"按钮，再单击"PCB 规则及约束编辑器"中的"确定"按钮，系统进行线宽规则的保存工作，如图 5-135 所示。

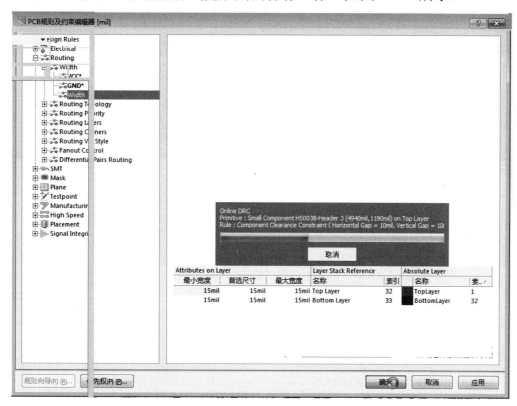

图 5-135　系统进行线宽规则的保存工作

25.3　设置设计规则检测项

如图 5-136 所示，在 PCB 图设计界面上选择"工具"→"设计规则检查"菜单命令，系统弹出如图 5-137 所示的"设计规则检测"对话框。在该对话框中，系统默认勾选了众多规则项。

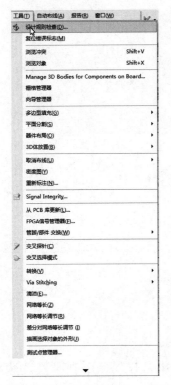

图 5-136　选择"工具"→"设计
　　　　规则检查"菜单命令

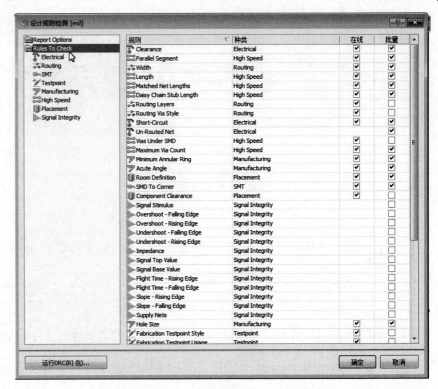

图 5-137　"设计规则检测"对话框

为突出实操的针对性和实效性，如图 5-138 和图 5-139 所示，在众多规则项中只保留"Un-Routed Net"（未布通网络规则校验）复选框的勾选，其余都不勾选，单击"确定"按钮完成设置。

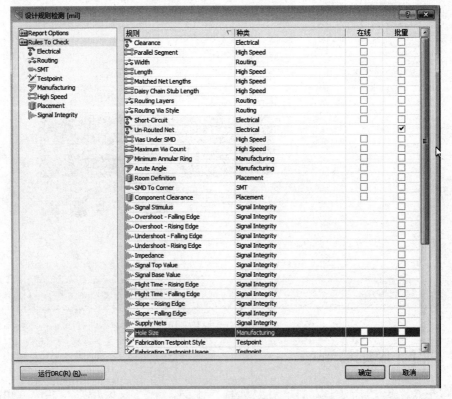

图 5-138　只保留"Un-Routed Net"（未布通网络规则校验）复选框的勾选

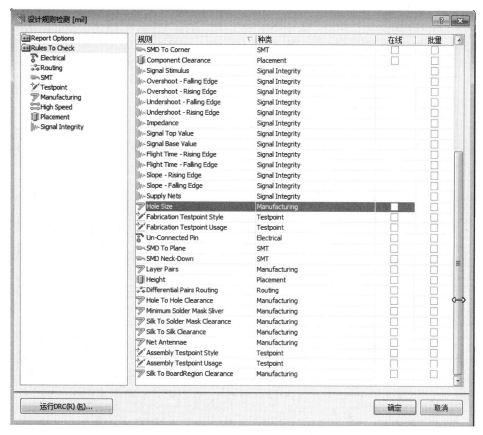

图 5-139 其余都不勾选

图 5-140 所示为保存 PCB 图的线宽设置和检测设置。

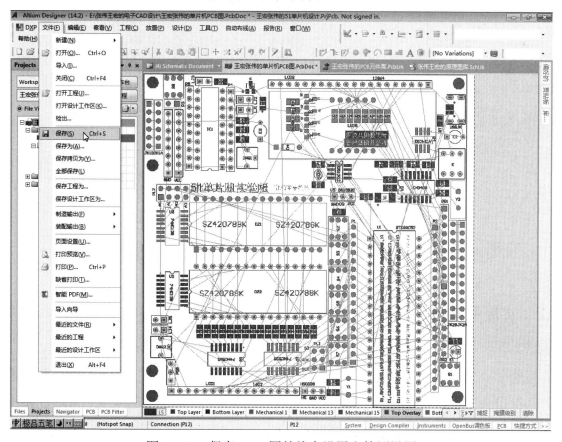

图 5-140 保存 PCB 图的线宽设置和检测设置

任务 26　PCB 图的自动布线

26.1　手动放置一条预布线

在 PCB 图界面中单击"Top Layer"层标签后，如图 5-141 所示，单击"交互式布线连接"图标。

图 5-141　单击"交互式布线连接"图标

如图 5-142 所示，放置一条预布线，用十字光标中心从 LCD2 元件的 1 号焊盘到 USBJKPCB 的接地焊盘画一条导线，然后右击退出画导线状态。

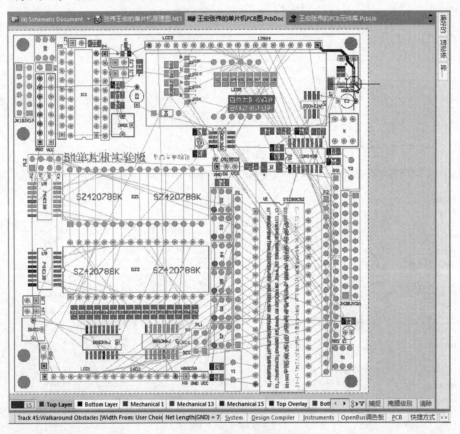

图 5-142　放置一条预布线

26.2　实施系统自动布线

图 5-143 所示为执行自动布线的操作，选择"自动布线"→"全部"菜单命令。

上述菜单命令执行后，系统弹出"Situs 布线策略"对话框。如图 5-144 所示，在对话框中勾选"锁定已有布线"和"布线后消除冲突"复选框，单击"Route All"按钮，系统就开始进行自动布线，并弹出如图 5-145 所示的布线进度信息框。

图 5-143　执行自动布线的操作

图 5-144　在对话框中勾选"锁定已有布线"
和"布线后消除冲突"复选框

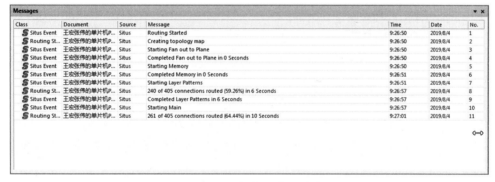

图 5-145　布线进度信息框

　　自动布线是由系统自行完成的，无法人工干预。由于这块电路板比较复杂，完成自动布线需要近 8 分钟的时间。自动布线完成时，信息框中将出现"Routing finished with 0 contentions(s).Failed to complete 1 connection(s) in 7 Minutes 26 Seconds"（参考翻译为"路由已完成，有 0 个争用。未能在 7 分 26 秒内完成 1 个连接"）信息。图 5-146 所示为自动布线结束时的重要提示（信息框最后一行）。

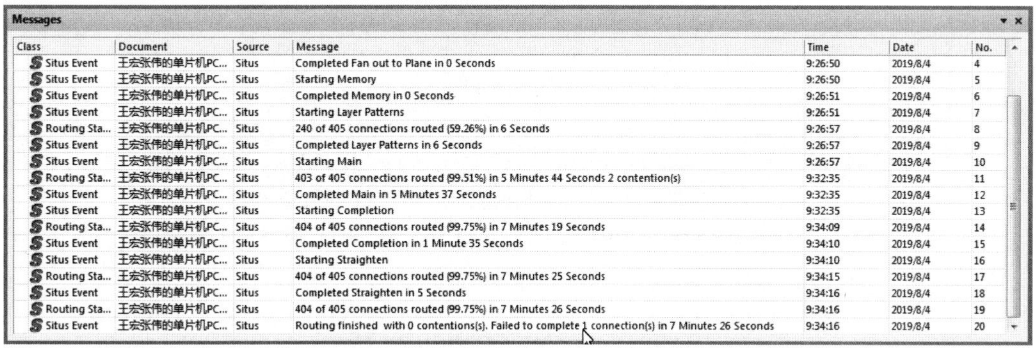

图 5-146　自动布线结束时的重要提示（信息框最后一行）

26.3 运行DRC检查

在最后一行的提示信息中，"争用"个数必须为0，"未连接"个数也必须为0。故下面来分析这个"1"的原因并实施变1为0的方法。关闭信息框，选择"工具"→"设计规则检查"菜单命令，如图5-147所示，系统弹出"设计规则检测"对话框。

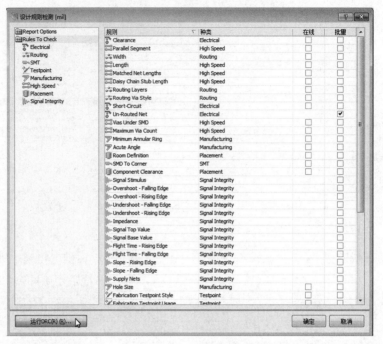

图5-147　系统弹出"设计规则检测"对话框

在该对话框中，选择左侧区域中的"Rules To Check"规则后，单击"运行DRC"按钮。如图5-148所示，系统弹出运行结果信息框和设计规则验证报告。

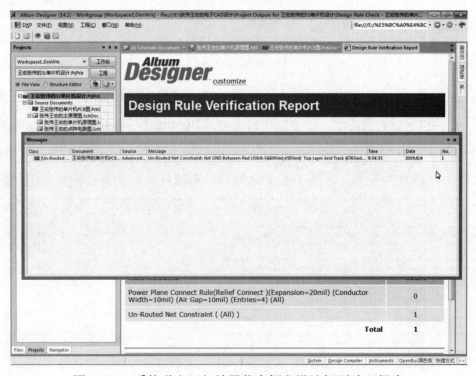

图5-148　系统弹出运行结果信息框和设计规则验证报告

该信息框描述了那 1 个未连接的具体原因。关闭信息框后，就可看到验证报告的报告事项显示有 1 个未布通网络，如图 5-149 所示。

图 5-149　验证报告的报告事项显示有 1 个未布通网络

在图 5-149 所示的界面中，右击"Design Rule Verification Report"选项卡，在弹出的右键菜单中选择"关闭验证报告"选项。

26.4　手动连接未布通网络

单击工具栏上的"交互式布线连接"图标，如图 5-150 所示，在 USBJKPCB 的 5 号焊盘与自动布线前的预布线间连接一条导线。

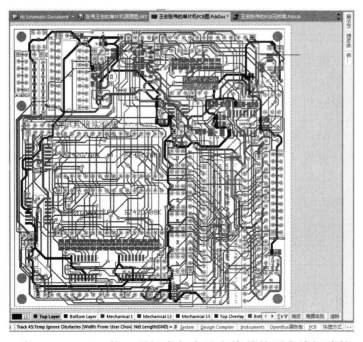

图 5-150　在 USBJKPCB 的 5 号焊盘与自动布线前的预布线间连接一条导线

右击退出画线状态，双击刚画的这条导线，如图 5-151 所示，系统弹出"轨迹"对话框。

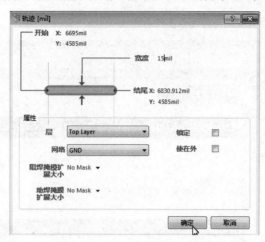

图 5-151 "轨迹"对话框

在"轨迹"对话框中把"宽度"修改为"15mil"，然后单击"确定"按钮。

26.5 运行 DRC 做对比

选择"工具"→"设计规则检查"菜单命令，在系统弹出的"设计规则检测"对话框中，单击"Rules To Check"规则后，单击"运行 DRC"按钮。系统弹出运行结果信息框和设计规则验证报告，图 5-152 所示为此时没有任何信息的信息框。

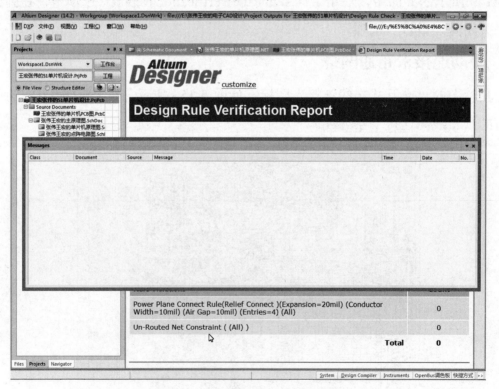

图 5-152 没有任何信息的信息框

关闭没有任何信息的信息框，就显示出如图 5-153 所示的 0 个违规的验证报告。

图 5-153　0 个违规的验证报告

右击 "Design Rule Verification Report" 选项卡，在弹出的右键菜单中选择 "关闭验证报告" 选项。接下来，保存布线结果，如图 5-154 所示，选择 "文件" → "保存" 菜单命令。

图 5-154　保存布线结果

任务 27　PCB 的滴泪和敷铜

27.1　在布线层给 PCB 放置金属字

选择"放置"→"字符串"菜单命令，按"Tab"键，在顶面布线层上放置字符串，如图 5-155 所示。从"串"对话框中可知，顶面敷铜后，层正好为所需，故直接单击"确定"按钮后将其放置在只有蓝色导线的区域内。

由于自动布线的结果是随机的，因此在布线层上放置字符串就只能见机行事，若没有如图 5-156 所示的仅有蓝色导线的区域（具体可参见本书配套的视频资源，后面涉及颜色处同样可参见视频资源），就不放置这个字符串。放置完成后按"Tab"键，在弹出的对话框中将串的层设为底面布线层并勾选"映射"复选框。图 5-157 所示为在底面布线层放置字符串。单击"确定"按钮后将其放置在只有红色导线的区域内。

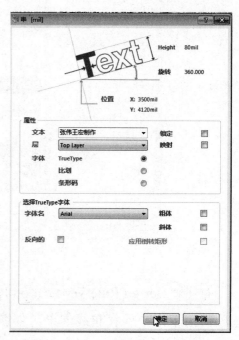

图 5-155　在顶面布线层上放置字符串

若没有如图 5-158 所示的仅有红色导线的区域，就不放置这个字符串。放置完成后按"Tab"键，在弹出的对话框中将串的层保持为底面布线层，将文本改为实际的年月日式样，图 5-159 所示为将年月日放置在底面布线层。单击"确定"按钮后将其放置在只有红色导线的区域内。

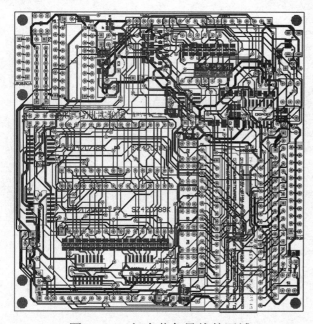

图 5-156　仅有蓝色导线的区域

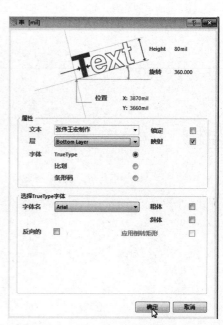

图 5-157　在底面布线层放置字符串

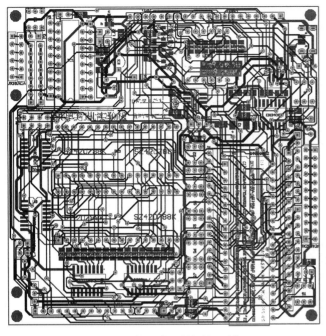

图 5-158　仅有红色导线的区域（1）

图 5-159　将年月日放置在底面布线层

　　若没有如图 5-160 所示的仅有红色导线的区域，就不放置这个字符串。放置完成后按"Tab"键，在"文本"文本框中输入"中国梦"，并如图 5-161 所示将串的层改为顶面布线层，取消勾选"映射"复选框，单击"确定"按钮后，如图 5-162 所示，将"中国梦"放置在右上角空白处。

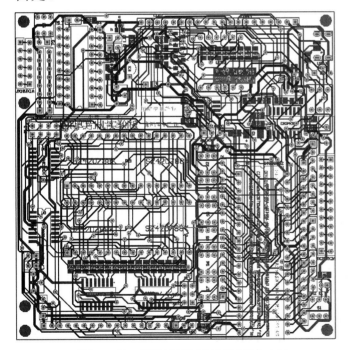

图 5-160　仅有红色导线的区域（2）

图 5-161　将串的层改为顶面布线层

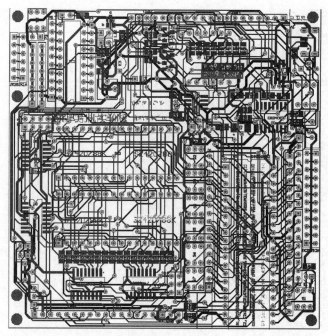

图 5-162　将"中国梦"放置在右上角空白处

接下来，按"Tab"键，如图 5-163 所示，将"层"改为"Bottom Layer"，勾选"映射"和"反向的"复选框，单击"确定"按钮后，如图 5-164 所示，在右上角"重叠"放置该字符串。注意，右上角放置的两个字符串看起来是重叠的，但各是各的布线层，实际上互不影响。

放置完成后，按"Tab"键，如图 5-165 所示，将"层"改为"Top Layer"，取消勾选"映射"复选框，保持"反向的"复选框的勾选，并将"Height"值改为"70mil"，单击"确定"按钮并将其放置在左上角定位孔下方的空白处，注意要尽量贴近（不接触）S8 元件左下角的焊盘。图 5-166 所示为在左上角放置顶面布线层反向字符串。

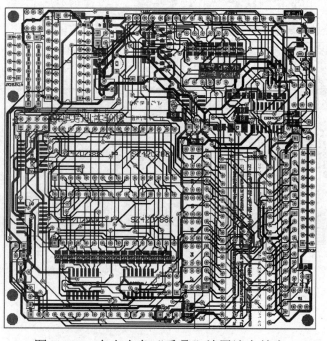

图 5-163　将"层"改为"Bottom Layer"　　　　图 5-164　在右上角"重叠"放置该字符串

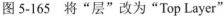

图 5-165　将"层"改为"Top Layer"

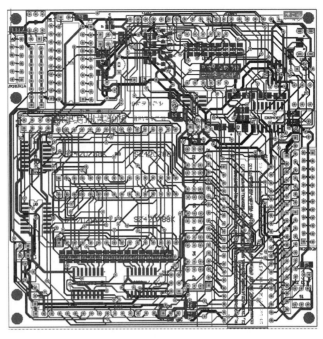

图 5-166　在左上角放置顶面布线层反向字符串

放置完成后按"Tab"键，如图 5-167 所示，将"层"改为"Bottom Layer"，取消勾选"反向的"复选框，并勾选"映射"复选框，单击"确定"按钮并将其放置在左上角定位孔下方的空白处，注意要尽量贴近（不接触）GND 元件的连接导线。图 5-168 所示为在左上角放置底面布线层映射字符串。

图 5-167　将"层"改为"Bottom Layer"

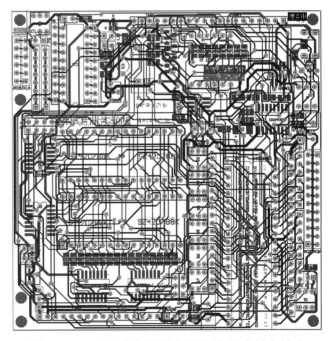

图 5-168　在左上角放置底面布线层映射字符串

27.2　在丝印层给 PCB 放置设计者姓名和手机号

按"Tab"键，在顶面丝印层放置姓名和手机号，如图 5-169 所示，在"文本"文本框中输入"张伟 13699999999"，再将"层"改为"Top Overlay"，"Height"值改为"100mil"，单击"确定"

按钮后，如图 5-170 所示，将姓名和手机号放置于电路板左下角边沿。

 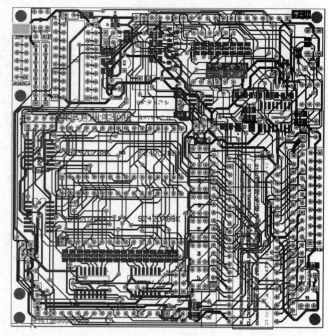

图 5-169　在顶面丝印层放置姓名和手机号　　图 5-170　将姓名和手机号放置于电路板左下角边沿

　　放置完成后按"Tab"键，在底面丝印层放置姓名和手机号，如图 5-171 所示，将"层"改为"Bottom Overlay"，并勾选"映射"复选框，单击"确定"按钮后，如图 5-172 所示，将姓名和手机号放置于电路板左下角边沿。

 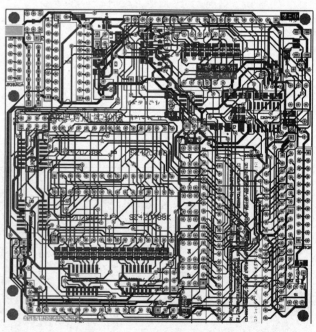

图 5-171　在底面丝印层放置姓名和手机号　　图 5-172　将姓名和手机号放置于电路板左下角边沿

　　放置完成后按"Tab"键，如图 5-173 所示，在"文本"文本框中输入"王宏 13966666666"，其余保持不变，单击"确定"按钮后，如图 5-174 所示，将该字符串放置在电路板下边沿"张伟13699999999"的右边。

图 5-173　在"文本"文本框中输入
"王宏 13966666666"

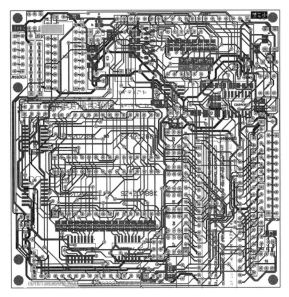

图 5-174　将该字符串放置在电路板下边沿的
右边"张伟 13699999999"

放置完成后按"Tab"键，如图 5-175 所示，将"层"改为"Top Overlay"，取消勾选"映射"复选框，单击"确定"按钮后，如图 5-176 所示，将该字符串放置在电路板下边沿"张伟13699999999"的右边。

放置完成后，右击退出放置状态。

图 5-175　将"层"改为"Top Overlay"

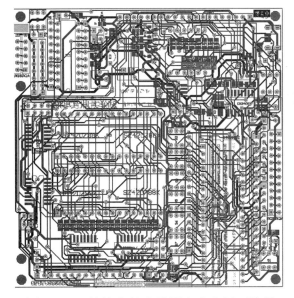

图 5-176　将该字符串放置在电路板下边沿
"张伟 13699999999"的右边

27.3　滴泪 PCB 图焊盘

关于滴泪的菜单操作如图 5-177 所示，选择"工具"→"滴泪"菜单命令，系统弹出"泪滴选项"对话框，关于泪滴的选项设置如图 5-178 所示，在对话框的"通用"选区中，勾选"焊盘"和"过孔"复选框，在"行为"选区中，选中"添加"单选按钮，在"泪滴类型"选区中选中"Arc"单选按钮，单击"确定"按钮后系统就自动为各焊盘滴泪。在滴泪过程中，系统会在电路板下方给出滴泪进度。滴泪完毕后，就进行下面的敷铜实操。

图 5-177　关于滴泪的菜单操作

图 5-178　关于泪滴的选项设置

27.4　给 PCB 图敷铜

关于敷铜的菜单操作如图 5-179 所示，选择"放置"→"多边形敷铜"菜单命令，系统弹出如图 5-180 所示的"多边形敷铜"对话框。

图 5-179　关于敷铜的菜单操作

图 5-180　"多边形敷铜"对话框

在该对话框中,在"填充模式"选区内选中"Solid(Copper Regions)"单选按钮,"层"为"Top Layer",在"链接到网络"下拉列表中选择"GND"并勾选"锁定原始的"和"死铜移除"复选框,单击"确定"按钮后,如图 5-181 所示,用十字光标中心依次在 PCB 图的 4 个角点上单击划界,然后右击退出界定,系统就开始敷铜。

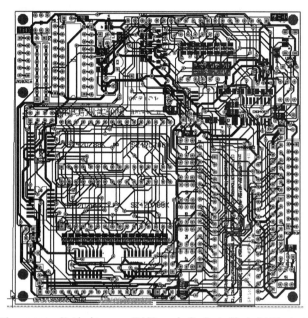

图 5-181　依次在 PCB 图的 4 个角点上单击划界(1)

系统用一定时间完成顶面布线层的敷铜后,再次选择"放置"→"多边形敷铜"菜单命令,系统弹出"多边形敷铜"对话框,为底面敷铜的设置如图 5-182 所示,将"层"改为"Bottom Layer",其余保持不变,单击"确定"按钮后,如图 5-183 所示,用十字光标中心依次在 PCB 图的 4 个角点上单击划界,然后右击退出界定,系统就开始敷铜。

图 5-182　为底面敷铜的设置

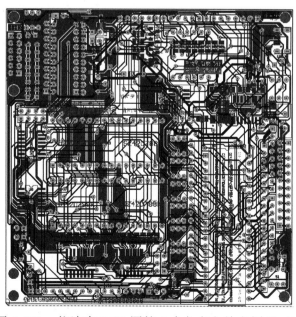

图 5-183　依次在 PCB 图的 4 个角点上单击划界(2)

右击后,系统用一定时间完成底面布线层的敷铜。到此,PCB 图的敷铜完成。

27.5 增加检测项进行设计规则检测探索

选择"工具"→"设计规则检查"菜单命令，在弹出的对话框中运行未布通网络规则检测，如图 5-184 所示，单击"Rules To Check"选项后，单击"运行 DRC"按钮。

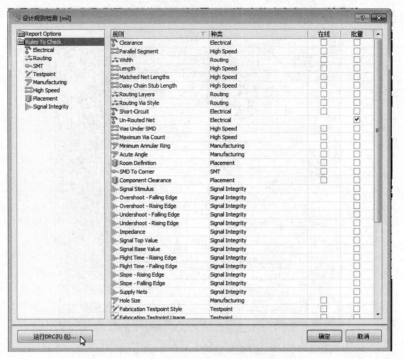

图 5-184 运行未布通网络规则检测

由图 5-184 可知，此时只有一个检测项的检测，未布通网络的检测结果如图 5-185 所示。

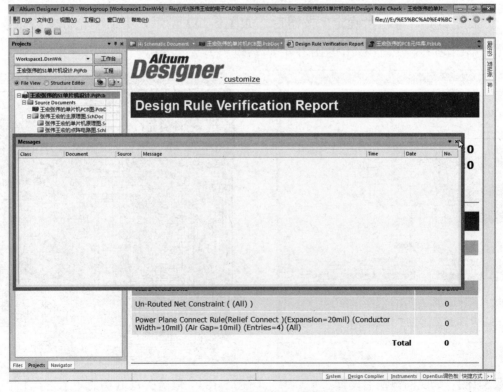

图 5-185 未布通网络的检测结果

关闭图 5-185 所示界面中的"Messages"对话框，选择"工具"→"设计规则检查"菜单命令，在弹出的"设计规则检测"对话框中，如图 5-186 所示，再勾选五个检测项后运行 DRC 检查，单击"Rules To Check"选项，增加"Clearance"（安全间距规则）、"Width"（导线宽度规则）、"Routing Layers"（布线规则）、"Routing Via Style"（过孔规则）、"Short-Circuit"（短路规则）五个检测项后，单击"运行 DRC"按钮。

运行 DRC 的检查结果如图 5-187 所示，可见六个违规项，其中第一项为线宽违规，第二项为短路违规，后四项均为安全间距违规。第一项违规因方案原因是不可消除的，后五项则可以消除。

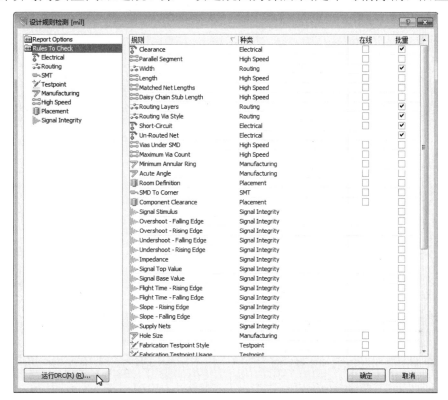

图 5-186　再勾选五个检测项后运行 DRC 检查

关闭图 5-187 所示的"Messages"对话框，PCB 图左右两边的违规显示如图 5-188 所示，在 PCB 图右上方有一绿导线提示，这一违规是不可改正的，在 PCB 图左上方有绿色焊盘提示，这是放置的金属字符串造成的。

显示比例放大后的违规显示如图 5-189 所示，可看到，顶面布线层反向的"中国梦"与 S8 元件左下角焊盘间距违规。另外也可看到，底面布线层映射的"中国梦"与 GND 导线有短路及安全间距上的违规。

接下来，如图 5-190 所示，将两个布线层上的金属文字都稍向左移动。

金属文字向左移动后，如图 5-191 所示，进行同样的"运行 DRC"检查。

如图 5-192 所示，运行 DRC 后的检查结果仅有 1 个线宽（应为 30，实为 15）违规。

关闭图 5-192 所示的检查结果显示对话框，如图 5-193 所示，PCB 图左边不再有违规事项而右边的违规标志依然存在。

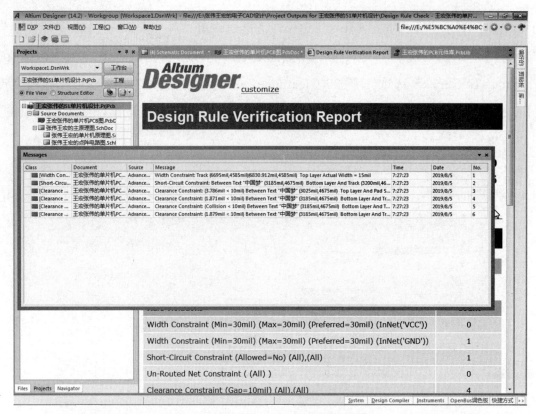

图 5-187　运行 DRC 的检查结果

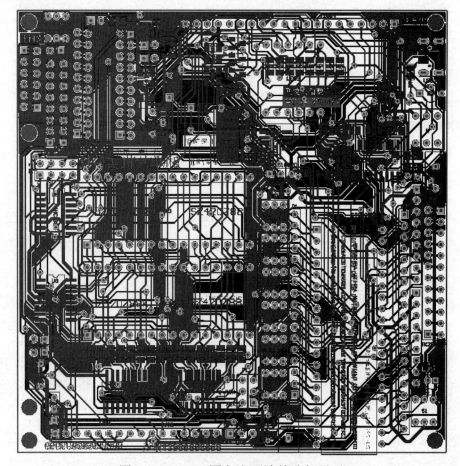

图 5-188　PCB 图左右两边的违规显示

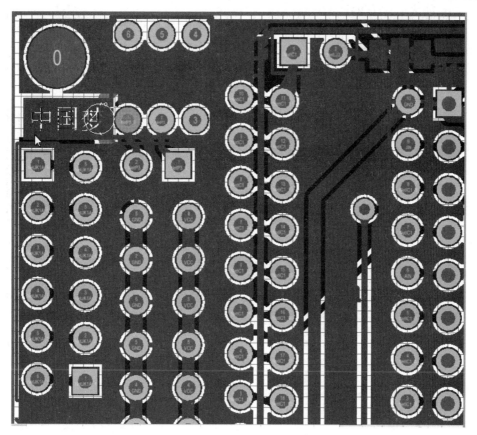

图 5-189　显示比例放大后的违规显示

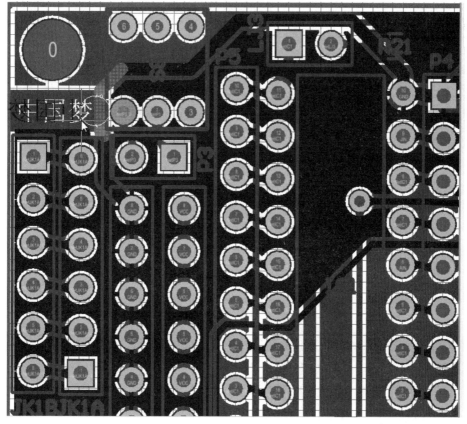

图 5-190　将两个布线层上的金属文字都稍向左移动

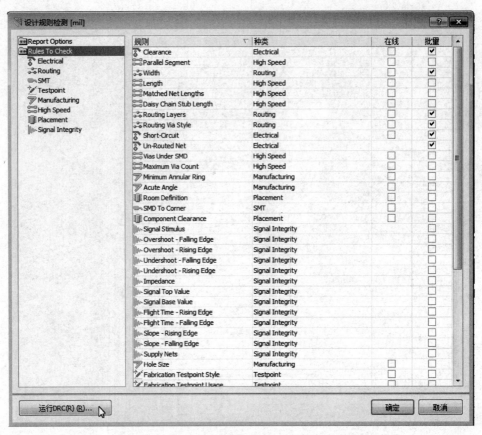

图 5-191 进行同样的"运行 DRC"检查

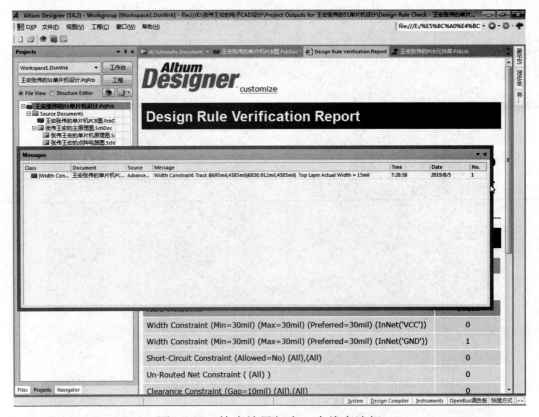

图 5-192 检查结果仅有 1 个线宽违规

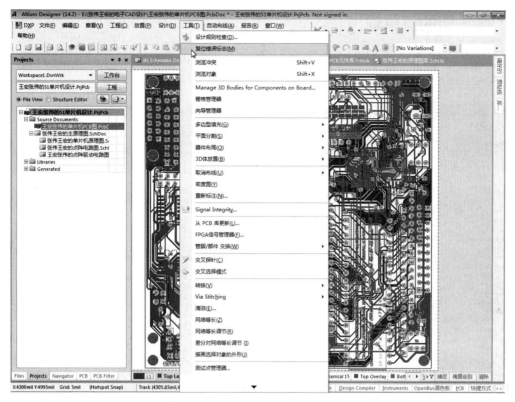

图 5-193　PCB 图左边不再有违规事项而右边的违规标志依然存在

选择"工具"→"复位错误标志"菜单命令，如图 5-194 所示，PCB 图右边的错误标志被复位消除。

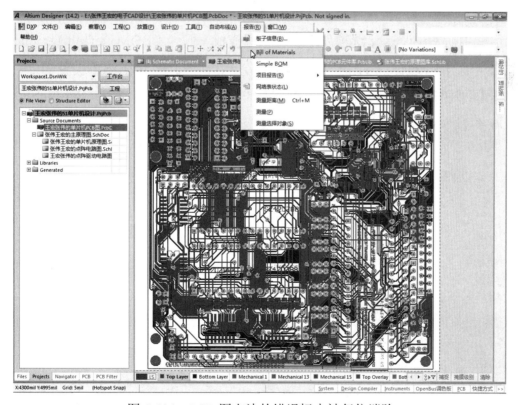

图 5-194　PCB 图右边的错误标志被复位消除

27.6 PCB 图的清单输出

选择"报告"→"Bill of Materials"菜单命令，系统弹出如图 5-195 所示的 PCB 图清单对话框。

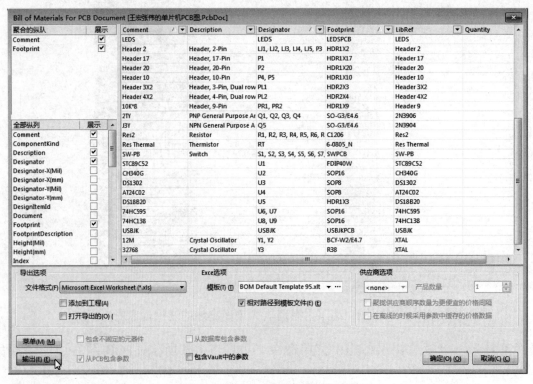

图 5-195 PCB 图清单对话框

在该对话框中，先在"Exce 选项"选区内把"模板"取为"BOM Default Template 95.xlt"格式，然后单击"输出"按钮，系统弹出文件输出路径对话框。PCB 图清单文件的保存如图 5-196 所示，先打开本地磁盘 E 盘，再打开"张伟王宏的电子 CAD 设计"工程文件夹，文件名是系统给出的，最后单击"保存"按钮。

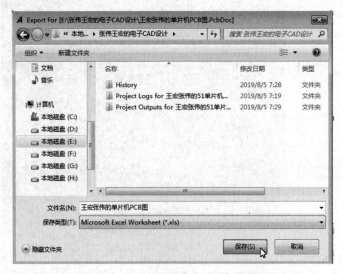

图 5-196 PCB 图清单文件的保存

保存命令执行后，文件输出路径对话框关闭，单击图 5-195 所示对话框的"确定"按钮关闭 PCB 图清单对话框。到此，单片机电路板 CAD 设计全部完成。单击标题栏右边的关闭系统图标，系统弹出如图 5-197 所示的"Confirm Save for (2) Modified Documents"对话框。

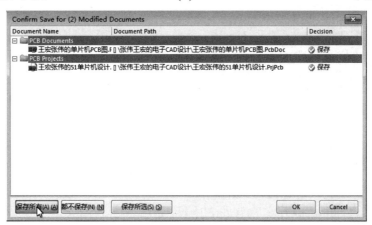

图 5-197　"Confirm Save for (2) Modified Documents"对话框

在该对话框中，单击"保存所有"按钮再单击"OK"按钮，即保存全部设计文件。

接下来，在工程文件夹"张伟王宏的电子 CAD 设计"中，可看到全部设计文件。双击"王宏张伟的单片机 PCB 图"Excel 文件，就显示出单片机 PCB 元件清单，如图 5-198 所示。

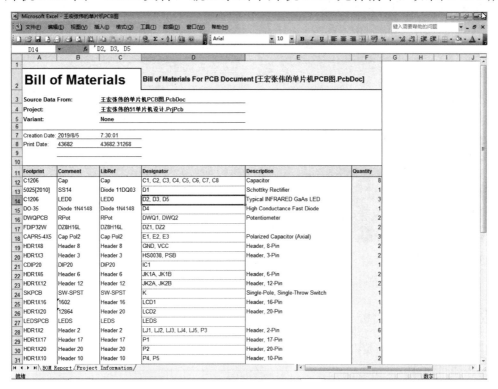

图 5-198　单片机 PCB 元件清单

27.7　PCB 图的制板和电路安装

关闭 PCB 元件清单的 Execl 文件后，将图 5-199 所示的"王宏张伟的单片机 PCB 图"PCB 文件发给 PCB 打样厂家，厂家就按照该文件加工生产出我们亲手设计的单片机电路板。

图 5-199 　"王宏张伟的单片机 PCB 图" PCB 文件

厂家加工寄回的单片机实验板实物正面的照片如图 5-200 所示。

厂家加工寄回的单片机实验板实物背面的照片如图 5-201 所示。

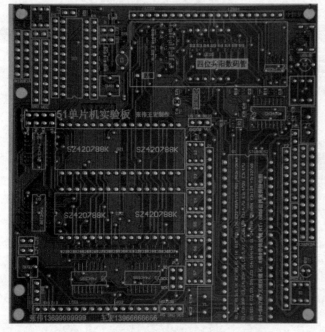 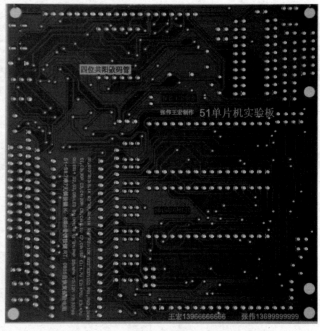

图 5-200 　单片机实验板实物正面的照片 　　　　图 5-201 　单片机实验板实物背面的照片
（100mm×100mm） 　　　　　　　　　　　　　（100mm×100mm）

焊接完成后的单片机实验板如图 5-202 所示。

正在通电运行程序的单片机实验板如图 5-203 所示。

为方便单片机实验板的安装，下面给出三个元件的实物图供参考。图 5-204 所示为 S1~S8
按键的标记面、LCD1602 元件的引脚加长及 LED 点阵元件的元件型号。

图 5-202 焊接完成后的单片机实验板

图 5-203 正在通电运行程序的单片机实验板

图 5-204 S1～S8 按键的标记面、LCD1602 元件的引脚加长及 LED 点阵元件的元件型号

另外，安装单片机实验板时要注意以下几点。

（1）数码管要用插座接驳而不要直接焊在电路板上，以便数码管模块的电路检测；DS18B20 温度传感器也要用插座接驳而不要直接焊接，且在运行 LED 点阵汉字显示程序时要将其取下（否则影响汉字显示效果）；红外接收器件也要用插座接驳。

（2）S1 元件安装时必须将其标记面朝电路板右边插入电路板、S2～S8 元件安装时必须将其标记面朝电路板左边插入电路板，千万不要装反焊接，7×7 无锁按键 S1～S8 的标记面如图 5-204 所示。

（3）LCD1602 元件用长引脚才能插入电路板进行工作，其引脚较短时，可参考图 5-204 焊接加长。

（4）LED8×8 点阵元件的型号为"SZ420788K"。

（5）如图 5-203 所示，本书完成的单片机实验板可配接成品的继电器模块，这样组合能大大降低单片机实验板的总成本。

任务28 把 Micro USB 封装更换为 USB2.5–2H4C 封装

用微课学·任务 28

由于安卓手机数据线现在普遍使用 Type-C 接口，原用的数据线已不多见，而自己绘制 Type-C 接口封装非常困难，因此单片机板上的 Micro USB 封装应更换为 USB2.5-2H4C 封装，这样用通用 USB 数据线下载单片机程序更可靠。更换步骤可按下面的陈述来操作。

28.1 取消敷铜和布线

进入 PCB 图绘制界面，取消 PCB 图的敷铜，如图 5-205 所示，依次选择"工具"→"多边型填充"→"Shelve 2 Polygon(s)"菜单命令。

图 5-205　取消 PCB 图的敷铜

上述菜单命令执行后，PCB 图中的敷铜消失，取消 PCB 图的布线如图 5-206 所示，选择"工具"→"取消布线"→"全部"菜单命令。

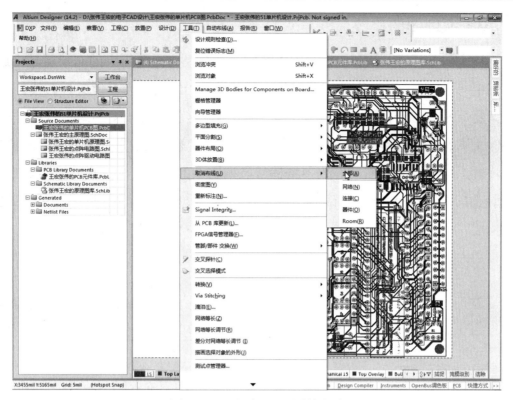

图 5-206 取消 PCB 图的布线

上述命令执行后，PCB 图中的布线全部消失，图 5-207 所示为将两个布线层中放置的字符串全部移出 PCB 图。

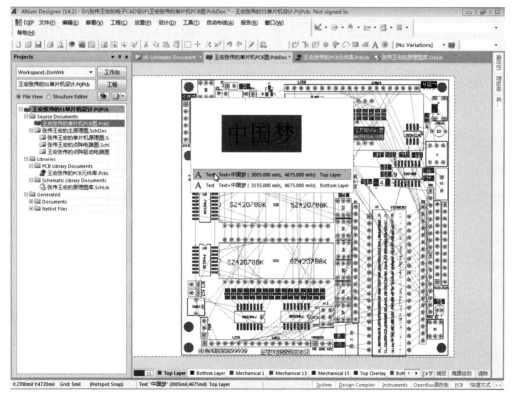

图 5-207 将两个布线层中放置的字符串全部移出 PCB 图

28.2 关于原理图的修改

使用面积较大的 USB 接口封装后，USB 供电及下载模块需要更大的布局区域，这就需要将 U5（DS018B20）元件的封装布局到 STC89C 的晶振封装的右边。为方便就近布线，DS18B20 元件的 DQ 引脚要从 STC89C52 的 1 引脚改接到 17 引脚，这就需要改变网络标号。另外，大 USB 的原理图元件引脚定义略有不同，因此其引脚连线也需改变，这就需要修改单片机原理图。

进入单片机原理图绘制界面，修改网络标号，如图 5-208 所示，找到原理图中的 U5 元件，将其 DQ 引脚上的网络标号"P10"改为"P37"。如图 5-209 所示，将 USBJK 元件的 5 引脚悬空，4 引脚接地。

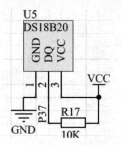

图 5-208　修改网络标号

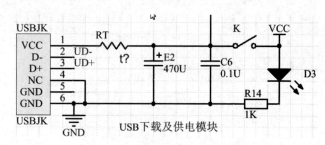

图 5-209　将 USBJK 元件的 5 引脚悬空，4 引脚接地

28.3 安装"Con USB.PcbLib"封装库及更换 USBJK 元件封装

使用大 USB 接口，就需使用其对应的封装，进而需要安装"Con USB.PcbLib"封装库文件，其安装步骤与前面各封装库的安装步骤类似，可参见任务 5，此处略。安装后在原理图中双击 USBJK 元件，在弹出的元件属性对话框中单击"Add"按钮进入更换封装的操作，如图 5-210 所示，添加"USB2.5-2H4C"封装。

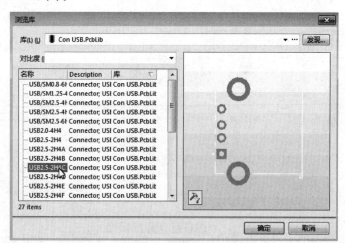

图 5-210　添加"USB2.5-2H4C"封装

28.4 更新单片机 PCB 图

原理图修改完成后，更新 PCB 图，如图 5-211 所示，在原理图设计界面上，依次选择"设计"→"Update PCB Document 王宏张伟的单片机 PCB 图.PcbDoc"菜单命令。

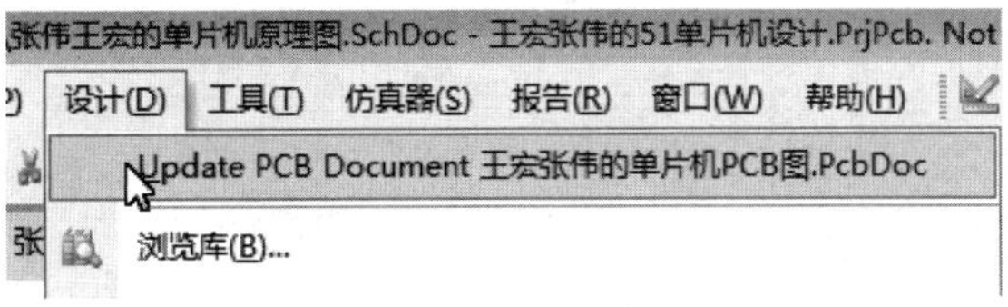

图 5-211　更新 PCB 图

上述菜单命令执行后，如图 5-212 所示，在系统弹出的更新确认对话框中单击"Yes"按钮。

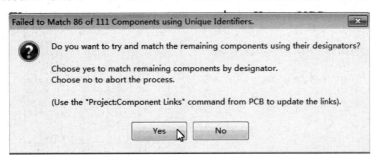

图 5-212　在系统弹出的更新确认对话框中单击"Yes"按钮

上述操作完成后，在系统弹出的"工程更改顺序"对话框中依次单击"生效更改"→"执行更改"→"关闭"按钮。图 5-213 所示为"工程更改顺序"对话框的处理操作。

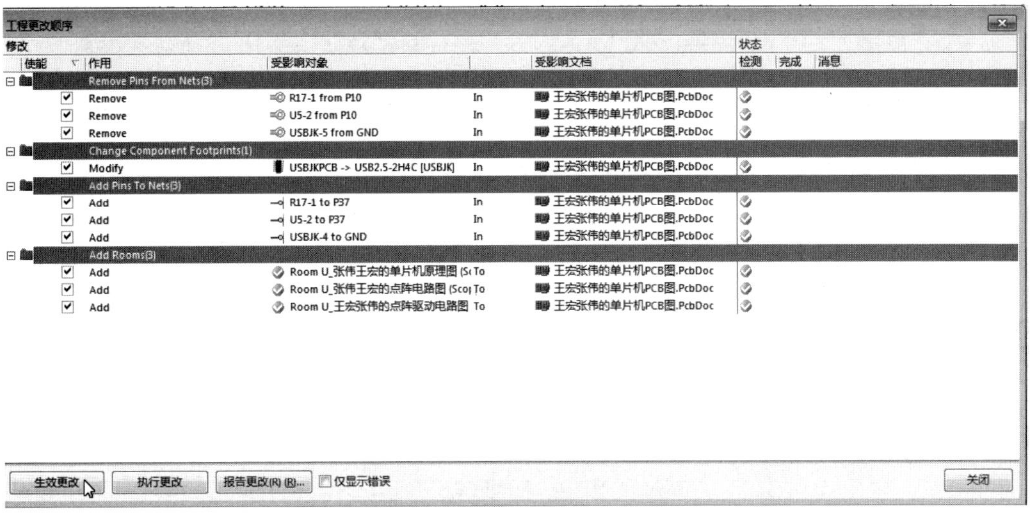

图 5-213　"工程更改顺序"对话框的处理操作

单片机 PCB 图每次更新后，都要加载三个原理图的 ROM 元件盒，因此要选择"编辑"→"删除"菜单命令，然后单击 PCB 图右下角的三个 ROM 元件盒予以删除，最后右击退出删除状态。更换 USB 插座封装后的单片机 PCB 图如图 5-214 所示。

USB 插座封装更换完成后，需调整几个模块的布局位置，首先如图 5-215 所示，将日历时钟模块左移。

接下来，如图 5-216 所示，将 PL1 双排插件上移，红外模块下移。

如图 5-217 所示，把专用于 DS18B20 元件的 3 引脚插座（U5）封装和 R17 封装移到 PL1 封装的下方。

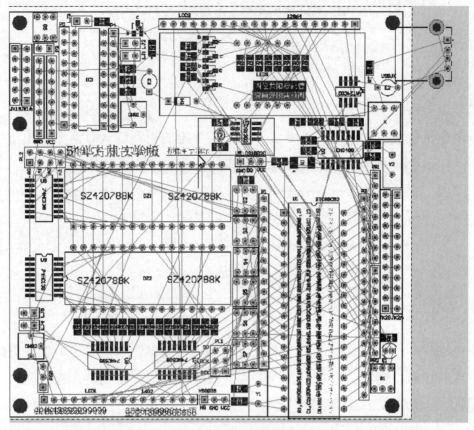

图 5-214　更换 USB 插座封装后的单片机 PCB 图

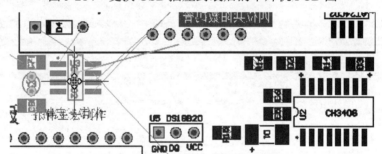

图 5-215　将日历时钟模块左移

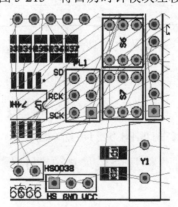

图 5-216　将 PL1 双排插件上移，红外模块下移

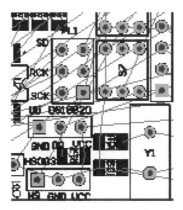

图 5-217　把 U5 封装和 R17 封装移到 PL1 封装的下方

接下来，选中 USB 下载及供电模块中的贴片元件封装，然后选择"编辑"→"移动"→"通过 XY 移动选择"菜单命令，并于弹出的"获得 X/Y 偏移量"对话框中，在"X 偏移量"文本框中输入"-500mil"（负数为向左移动），"Y 偏移量"保持"0mil"，然后单击"确定"按钮。图 5-218 所示为通过 XY 移动选择的操作。

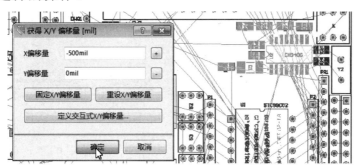

图 5-218　通过 XY 移动选择的操作

我们主要用"通过 XY 移动选择"的方法进行左移，辅以 R16、Y2、C3、C4 元件的适当移动，USB 下载及供电模块的布局调整如图 5-219 所示。

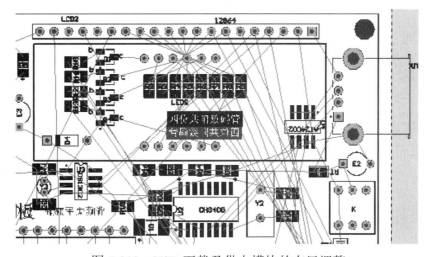

图 5-219　USB 下载及供电模块的布局调整

这就完成了 USB 封装换大后的布局调整。接下来，选择"自动布线"→"全部"菜单命令，于弹出的"Situs 布线策略"对话框中勾选两项，单击"Route All"按钮后系统开始布线。

经过一段时间后系统自动布线完成，如图 5-220 所示，最后一行显示出两个 0（布线无误的必要条件）。

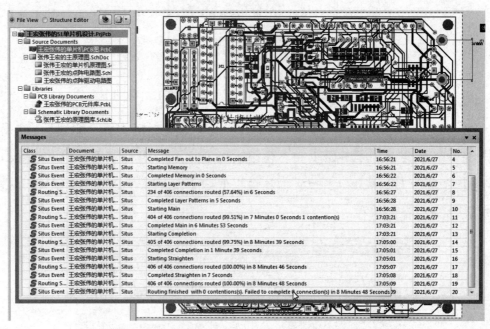

图 5-220　最后一行显示出两个 0（布线无误的必要条件）

接下来，选择"工具"→"设计规则检查"菜单命令，于弹出的"设计规则检测"对话框中，单击"Rules To Check"选项和"运行 DRC"按钮，系统给出没有错误的设计规则检测结果，如图 5-221 所示。

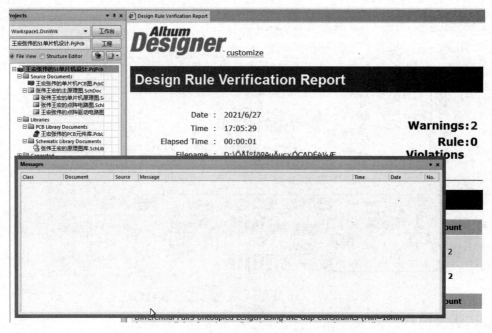

图 5-221　没有错误的设计规则检测结果

28.5 PCB 图的滴泪、敷铜及制板

给 PCB 图滴泪和敷铜可先观察 PCB 图的布线情况，看能否把前面为保证布线成功而移到 PCB 图外的那些布线层上的字符串，重新放到已布线的 PCB 图上（注意必须保证不造成任何短路）。当然，把这些布线层上的字符串全部删除也是完全可以的。

参照任务 27 中的操作方法，完成 PCB 图的滴泪、敷铜及制板，换成大 USB3 封装后的单片机电路板如图 5-222 所示。

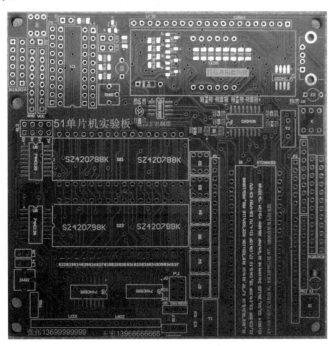

图 5-222　换成大 USB3 封装后的单片机电路板

小结 5

本章的主要内容如下所述。

（1）自下而上的层次原理图设计的一般步骤。

（2）在底层原理图中放置端口的操作。

（3）为端口放置导线的操作。

（4）为端口放置总线进口的操作。

（5）为总线进口放置总线的操作。

（6）主原理图的作用。

（7）在主原理图中生成子原理图图表符的菜单操作。

（8）主原理图中各图表符的同名端口连接操作。

（9）布线规则的设置操作。

（10）"设计规则检测"中"未布通网络"检测项的设置方法。

（11）PCB 图自动布线的菜单操作。

（12）自动布线后的"未布通网络"项的检查方法。

（13）自动布线后 PCB 板的滴泪操作。

（14）PCB 板滴泪后的敷铜操作。

（15）PCB 图中元件的清单输出。

习题 5

1. 写出让 PCB 元件显示其注释的操作步骤。

2. 写出 PCB 图自动布线的菜单操作步骤。

3. 写出 PCB 图自动布线后的"未布通网络"项检测步骤。

4. 写出给 PCB 图添加滴泪的作用。

5. 写出给 PCB 图添加滴泪的操作步骤。

6. 写出给 PCB 图敷铜的作用。

7. 写出给 PCB 图敷铜的操作步骤。

8. 写出输出 PCB 图中元件清单的操作步骤。